EIN BEITRAG
ZUR
GESCHICHTE DER GROSSGASMASCHINE

VON

DR. WILHELM VON OECHELHAEUSER

DESSAU

SONDERABDRUCK AUS
BEITRÄGE ZUR GESCHICHTE DER TECHNIK UND INDUSTRIE. JAHRBUCH DES
VEREINES DEUTSCHER INGENIEURE, HERAUSGEGEBEN VON CONRAD MATSCHOSS
1914/15: 6. BAND
Springer-Verlag Berlin Heidelberg GmbH 1914

ISBN 978-3-662-37684-3 ISBN 978-3-662-38486-2 (eBook)
DOI 10.1007/978-3-662-38486-2

Ein Beitrag zur Geschichte der Großgasmaschine.

Von

Dr. Wilhelm von Oechelhaeuser, Dessau.

Sehr verehrte Herren!

Durch Genehmigung des Programms für die diesjährige Tagung der Göttinger Vereinigung in Dessau haben Sie mir gestattet, Ihnen über die Entwicklung meiner Großgasmaschine zu berichten, und zwar geschieht dies hiermit zum ersten Male vor der Öffentlichkeit.

Früheren Anregungen hierzu von Fachgenossen und Vereinen habe ich nicht entsprochen, weil ich glaubte eine solche Entwicklung nicht objektiv-wissenschaftlich genug darstellen zu können, solange meine Maschine noch mitten im Konkurrenzkampfe stand.

Wenn sich diese Tätigkeit auch gewissermaßen nur im Nebenberuf bei mir abspielte, so ging sie doch aus einem damals sehr dringenden Interesse meines Hauptberufes, der Gasindustrie, hervor. Denn das ,,Erfindenwollen" lag nicht im mindesten in meiner Absicht, war vielmehr in unserer Familie, und insbesondere bei meinem Vater aufs äußerste verpönt, seit mein Großvater in den 60er Jahren mit seinem beharrlich verfolgten Plan eines lenkbaren Luftschiffes alle Familienmitglieder sowie das Preußische Handelsministerium[1]) längere Zeit hindurch in Schrecken versetzt hatte[2]).

Die direkte Nötigung zu meinem Vorgehen auf dem Gebiete der Gasmotoren ergab sich vielmehr aus meinen Erfahrungen beim Bau der elektrischen Zentralstation der Deutschen Continental Gas-Gesellschaft in Dessau im Jahre 1886. In ihr wollte ich zum ersten Male bei einer Zentrale den Versuch machen, den Wettbewerb der älteren Gasindustrie mit der neu erstandenen Elektrotechnik dadurch zu überbrücken, daß zur Krafterzeugung nur Gasmaschinen verwandt wurden. Es schien dies auch an sich die rationellste technische und wirtschaftliche Lösung, denn es stand ja schon damals fest, daß die Verwendung der Kohle durch vorherige Vergasung und nachherige direkte Verbrennung des Gases innerhalb einer Kraftmaschine wirtschaftlicher war als ihre Verbrennung unter dem Dampfkessel und Überleitung des Dampfes in eine Maschine. Nur einen großen Übelstand hatte die Sache: es standen mir damals zu geringe Maschinengrößen zur Verfügung, nämlich 60 PS in Zwillings-

---

[1]) 1865/66.

[2]) Übrigens war sonst mein Großvater der erfolgreiche Erfinder der ersten Strohpapiermaschine.

maschinen, also nur je 30 PS in einem Zylinder. Auf mein Drängen entschloß sich die Deutzer Gasmotoren-Fabrik zum Bau einer 120 pferd. Maschine, also von der doppelten bisherigen Größe. Bei einem meiner damaligen Besuche in der Fabrik zu Deutz sprach ich den berühmten Erfinder Otto selbst. Ich fragte ihn, ob es denn nicht möglich sei, noch größere Maschinen für den von mir gedachten Zweck zu erbauen. Das verneinte er auf das bestimmteste; denn er habe schon alles mögliche versucht, u. a. auch schon eine dreizylindrige Compound-Maschine konstruiert. Allein beim Übergang von einem Zylinder zum andern verliere das expandierende Gas zu viel an Temperatur, Spannung usw. Über 100 Pferdestärken hinaus werde man sicher nicht kommen können. Die Jubiläumsschrift vom 25 jährigen Bestehen der Deutzer Gasmotoren-Fabrik vom 30. September 1889 — also etwa 2 Jahre später — führte deshalb auch als größte bis dahin nach dem Otto-System erbaute Maschine nur eine 100 pferdige Zwillingsmaschine an. Jene 120 Pferde der nach Dessau bestellten Maschine waren also schon eine „kritische" Höchstgrenze. Denn als ich sie mit nur je 60 PS in einem Zylinder in der Fabrik abnahm, da erfuhr ich, daß selbst bei der damaligen noch geringen Vorkompression die Temperaturen in derselben sich so hoch steigerten, daß die Auslaßventile glühend wurden und nur durch Aufspritzen von Wasser im Innern betriebsfähig erhalten werden konnten.

Eine Größe von 120 PS war natürlich für die Zukunft der Kraftzentralen als Maschineneinheit keineswegs genügend und da von anderen Fabriken damals noch weniger zu erhoffen war, so entschloß ich mich, bei der Wichtigkeit, die diese Frage nach der damaligen Sachlage für die Zukunft der Gasindustrie haben mußte, neue Grundlagen für eine wirkliche Großgasmaschine zu suchen. Ich dachte um so mehr nur an Grundlagen, weil mir selbst für Neukonstruktionen von der Hochschule her nur die übliche theoretische Ausbildung im Maschinenbau zur Verfügung stand, keineswegs aber die Konstruktionserfahrung, die für den Bau der ganz besonders schwierigen Verbrennungsmaschinen doppeltes Erfordernis war.

Mit echt deutscher Gründlichkeit wollte ich mir erst Klarheit über die ominösen komplizierten Verbrennungsvorgänge in der Gasmaschine verschaffen. Deshalb studierte ich zunächst die gesamte, damals vorhandene wissenschaftliche Literatur darüber und ich erinnere mich aus jener Periode dankbar des klassischen französischen Werkes von Berthelot, „Sur la force des matières explosives". Dann aber wollte ich vor allen Dingen die Verbrennungsvorgänge selbst experimentell in einem besonderen Apparat prüfen, und zwar zunächst unabhängig von der arbeitverrichtenden Kraft hinter dem Kolben einer Maschine. Für diesen Verbrennungsapparat, den ich im Sommer 1886, also vor nunmehr 28 Jahren, konstruierte, bestellte ich eine Benzsche Zweitaktmaschine von 4 PS, die einen Gaskompressor für 10 at mit Rezipienten mittels eines Vorgeleges betrieb. Dazu eine Lufthandpumpe, um den Verbrennungsraum auszuspülen und mit frischer Luft zu versehen.

Während der Apparat im Bau war, machte ich ein Vorexperiment, das vielleicht auch heute noch interessiert. Aus theoretischen Untersuchungen, namentlich von Adolf Slaby und Aimé Witz (Lille), war mir der hohe ökonomische Verlust bekannt, der durch Abgabe von Verbrennungswärme an die Zylinderwandungen bei einem Temperaturgefälle entsteht, das vielmals höher als bei der Dampfmaschine ist, wenngleich damals schon der theoretische Gesamt-Nutzeffekt der kleinen Gasmaschinen als höher wie bei selbst großen Dampfmaschinen nachgewiesen war.

Ich wollte deshalb diesen großen Wärmeverlust im Zylinder dadurch einschränken, daß ich die unmittelbare Berührung der Verbrennungsgase mit den gekühlten Zylinderwandungen im Momente der Entzündung, also bei der Höchsttemperatur, zu verhindern suchte.

Das konnte durch den Einbau zweier Stahlblechzylinder geschehen (Fig. 1), von denen der eine am hinteren Deckel der Gasmaschine, der andere, von etwas geringerer Dimension, am Kolben angeschraubt wurde. Beim inneren Totpunkt, also in der Zündungslage des Gas- und Luftgemisches griffen die beiden Zylinder teleskopartig ineinander, so daß die Verbrennungsgase in dem Hauptmoment der Verbrennung von den Zylinderwandungen durch zwei Blechzylinder und zwei Luftschichten getrennt waren. Das Opfer, das ich mir zu diesem Versuch auserkor, war eine 6 pferd. Ottosche Maschine, die die Exhaustoren der Dessauer Gasanstalt antrieb. Sie lief mit dem ihr sehr unbequemen Einbau auch tatsächlich einige Male herum. Dann traten aber so viele Selbstzündungen auf, daß der Betrieb unterbrochen werden mußte. Eine sofort vorgenommene Okularinspektion ergab, daß die Teleskopbleche vollkommen ausgeglüht waren, also im Innern mindestens einer Rotglut, ungekühlt, ausgesetzt gewesen waren. Dies Experiment belächelt man heute, und doch hätten viele Erfinder von Gasmotoren und Gasturbinen, bis in die neueste Zeit hinein, ihre Patentkosten gespart, wenn sie einmal so handgreiflich wie ich vor Augen gehabt hätten, welch hohe Hitzegrade sich in einer Gasmaschine im Vergleich zur Dampfmaschine abspielen.

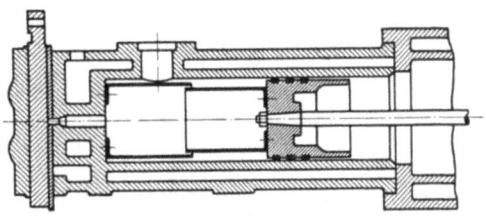
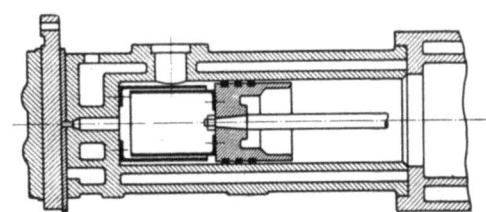

Fig. 1. Vorversuche an der Ottoschen Gasmaschine im Jahre 1886.

Inzwischen (im Oktober 1886) war mein Versuchsapparat fertig aufgestellt, und zwar in einem kleinen Hintergebäude unserer elektrischen Zentralstation in Dessau, der ersten, die nach den Berliner Elektrizitätswerken in Betrieb kam.

Beschreibung des Versuchsapparates. (Fig. 2, 3, 4 und 5.)

In den kleinen zylindrischen Vorraum, der oberhalb des Verbrennungsraumes liegt und mit ihm direkt zusammengeschraubt ist, gelangt das von der 4 PS-Benzmaschine komprimierte und in einem größeren Rezipienten unter beliebigem Druck, zwischen 2 und 10 at gesammelte Gas. Der Verbrennungsraum, der in verschiedenen Größen ausgewechselt werden konnte, wurde durch eine Handpumpe mit Luft ausgespült und zu jeder Verbrennung neu mit Luft gefüllt. Auch eine Vorkompression der Luft konnte mit der Handpumpe im Verbrennungsraum hergestellt werden.

Aus dem mit einem bestimmten Gasüberdruck angefüllten Vorraum, der nach dem Rezipienten rückwärts zu mit einem Hahn verschließbar war, wurde das Gas durch ein Ventil in den unteren Verbrennungsraum eingespritzt. Das Ventil konnte nach oben schnell durch eine Schraubenspindel angehoben werden, auf der eine mit Zeiger versehene

Mutter verstellbar und durch eine Kontermutter in bestimmter Lage festzuhalten war. Unter diese Mutter griff ein die Spindel umfassender gabelförmiger Hebel, der seinerseits von dem Daumen einer seitwärts liegenden Welle gehoben wurde. Auf dieser Welle saß eine Seilscheibe mit arretierbarem Fallgewicht. Sobald das Fallgewicht in Wirksamkeit trat, hob der Daumen die Ventilspindel sehr schnell mit sehr kleinem Hub in die Höhe. Nach Abrutschen des Daumens drückte eine starke Feder das Ventil noch schneller wieder auf seinen Sitz.

Der mit der verstellbaren Hubmutter verbundene Zeiger bewegte sich um eine obere horizontale Scheibe mit empirischer Skala. Nach erfolgter Einspritzung konnte man aus der Verminderung des Druckes im oberen Vorraum A, der an einem Manometer abgelesen wurde, die Menge des in den Verbrennungsraum V eingespritzten Gases ziemlich genau feststellen und zu dem Ventilhub in Beziehung setzen. Der Verlauf des Verbrennungsdruckes wurde an einer Indikatortrommel abgelesen, die durch ein Uhrwerk mit gleichförmiger Geschwindigkeit bewegt wurde (Fig. 4 und 5). Diese Verbrennungskurven hatten vor den gewöhnlichen Maschinendiagrammen den großen Vorzug, daß man infolge der gleichförmigen Geschwindigkeit mit der sich die Indikatortrommel drehte, die Entstehung des Anfangsverbrennungsdruckes, worauf ja so vieles ankam, genauer verfolgen konnte. Denn beim Maschinendiagramm bewegt sich die Trommel in der Totpunktlage, wo die Zündung stattfindet, nur sehr wenig vorwärts, so daß die Verbrennungskurve bei Vollbelastung fast in einer Senkrechten aufsteigt, während bei gleichförmiger Drehungsgeschwindigkeit der Indikatortrommel die Verbrennungskurve sich in sehr verschiedener Steilheit und mit allen Variationen des Verbrennungsvorgangs erhebt. Nebenbei gesagt, ergibt sich aus den Betrachtungen solcher Kurven auch die längst bekannte, aber selbst von manchen Fachleuten immer noch nicht genügend gewürdigte Tatsache, daß es sich bei allen Gasverbrennungen in solchen Bomben sowie in den Zylindern niemals um eine eigentliche, wirklich momentane Explosion, sondern nur um eine mehr oder minder schnelle Verbrennung oder Verpuffung handelt. Der Ausdruck Explosionsmaschine ist deshalb, wie auch von anderen Seiten wiederholt betont worden ist, streng genommen falsch. Man sollte immer nur hierbei von „Verbrennungsmaschinen" sprechen!

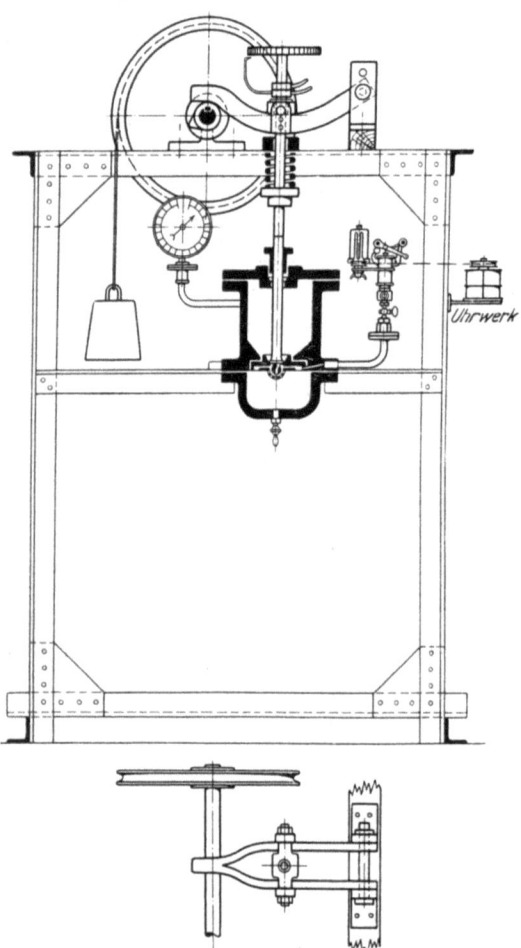

Fig. 2. Oechelhaeusers Apparat für Verbrennungsversuche von Gasen 1886 bis 1887.

Ich wollte mit dem vorstehend beschriebenen Apparate eine neue Art der Gasverbrennung, das Gaseinspritzverfahren in Maschinen vorbereiten und hoffte dadurch folgende Vorteile zu erzielen:

Erstens sollte jede beliebige Mischung von Gas und Luft zu schneller und sicherer Zündung gebracht werden, während bis dahin die Zündgrenzen, Steinkohlengas in Luft nur z. B. zwischen 1:5 und 1:12 lagen. Insbesondere sollten auch gasarme Mischungen mit niedrigeren Verbrennungstemperaturen zur Verwendung kommen und dadurch eine bessere Ökonomie des Brennstoffs durch geringere Wärmeverluste an die Wandung der Maschinen eintreten. Durch hohe Vorkompression der gasarmen Mischungen sollte ein hoher Verbrennungsdruck für große Maschinen erreicht werden, ohne daß die Temperaturen dabei zu hoch würden. Die ersten Patente lauteten deshalb auch auf den Namen: Hochdruck-Gasmaschine.

Zweitens sollte die Regulierung der Maschinen, die damals fast ausschließlich durch sogenannte „Aussetzer" bei sehr reichen Gasmischungen geschah, einfach nur durch Veränderung der Menge des momentan eingespritzten Gases erfolgen, da ja nach dem neuen Verfahren jedes Mengenverhältnis von Gas und Luft sicher und schnell zu entzünden wäre.

Drittens sollte eine elektrische und eventuell kontinuierliche Zündung verwendbar sein, um den damals in Deutschland allein herrschenden schwierigen Flammenschieber der Ottoschen und anderer Gasmaschinen zu beseitigen, der für Großgasmaschinen ganz untauglich erschien.

Es waren dies ungefähr die Hauptaufgaben, die ich mir zur Gewinnung neuer Grundlagen für Großgasmaschinen gestellt. Ich gehe auf diese Vorversuche, die vom Oktober 1886 bis Dezember 1887 dauerten, nur so kurz als möglich ein und beschreibe sie nur in der Absicht und dem Wunsche, daß sie auch heute noch an den technischen Hochschulen eine

Fig. 3. Oechelhaeusers Apparat für Verbrennungsversuche von Gasen 1886 bis 1887.

Wiederholung mit wissenschaftlicher Vertiefung fänden. Denn einerseits fehlte mir bei der Kürze der Zeit, welche die fortschreitende Industrie allen Experimenten nur zur Verfügung stellt, jede Möglichkeit eindringender wissenschaftlicher Feststellung der Resultate, und anderseits dürften diese Versuche vielleicht auch aus dem Grunde eine Wiederholung verdienen, als mir bisher kein Apparat bekannt geworden ist, der in seiner praktischen Einfachheit den Studierenden des Maschinenbaues beim Studium der Verbrennungstheorien einen leichteren und klareren Einblick in die Verbrennungsvorgänge von Gasen unter den verschiedensten Verhältnissen geben könnte, als dieser. Vielleicht würde sich auch bei Wiederholung dieser Versuche von neuem bestätigen, was Professor Simon bei Einweihung seines neuen elektrotechnischen Institutes in Göttingen sagte: „...indem die Männer der Wissenschaft die Bahn des Erfinders ruhig noch einmal wandern, sehen sie manches Neue, finden sie manchen lohnenden Seitenpfad, den der andere in seinem Stürmen unbeachtet gelassen hat."

Der Unterschied der von mir gewählten Verbrennung von der sonst bisher in den Maschinen üblichen ergibt sich aus folgender Erwägung: Man pflegte bisher in dem Arbeitszylinder ein fertiges Gemisch von Brennstoff und Luft zu entzünden. Die Entzündbarkeit des fertigen Gemisches hängt hierbei von dem Verhältnis zwischen Brennstoff und Sauerstoff ab. So sind bekanntlich für gewöhnliches Steinkohlengas von etwa 16 Kerzen Lichtstärke und 5000 Kalorien Heizwert nur alle diejenigen Gemenge von Gas und Luft entzündbar, welche etwa 1 Raumteil Gas und 4 Teile Luft als Minimum und 15 Raumteile Luft als Maximum enthalten, so daß z. B. ein Gemenge, welches 1 Raumteil Gas und nur 3 Raumteile Luft enthält, ebensowenig entzündbar ist, wie ein solches, welches aus 1 Raumteil Gas und 15 Raumteilen Luft besteht. Da aber die innerhalb jener Grenzen liegenden, oder ihnen doch nahe kommenden Mischungen für den Maschinenbetrieb zu langsam verbrennen, so kamen als praktisch brauchbare Mischungen noch engere Grenzen in Betracht, z. B. nur zwischen 1:5 und 1:12. Infolgedessen war, als ich meine Verbrennungs- und Gasmaschinenversuche anfing, die beste und ökonomischste Regelung immer noch die durch „Aussetzer", d. h. man ließ bei voller Belastung der damals fast allein üblichen Viertaktmaschinen in jedem vierten Hub eine arbeitsverrichtende Verbrennung entstehen, während die Maschine bei schwacher Belastung für mehrere der vierten Arbeitshübe kein Gas empfing, sondern nur Luft ansaugte, also in der Verbrennung dann „aussetzte".

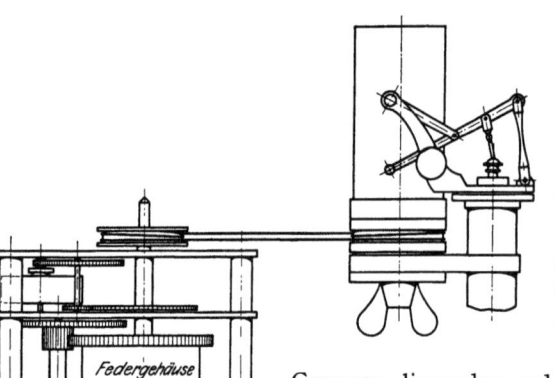

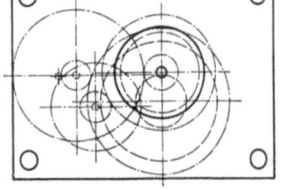

Fig. 4 und 5.
Indikator mit gleichförmiger Geschwindigkeit.

Das war zwar nach unseren heutigen Begriffen eine recht rohe Methode, namentlich für hohe Gleichförmigkeitsgrade, allein sie war ökonomisch damals immerhin noch die beste. Denn auf die unsicheren und zu langsamen Verbrennungen schwacher Gemische konnte man keine sichere Regulierung gründen.

Bei meinen Versuchen wurde deshalb das bisher angewandte Verfahren, ein fertiges Gemisch von Brennstoff und Luft nach vollständig erfolgter Einströmung des Brennstoffes in dem Verbrennungsraum zu entzünden, verlassen. Der Brennstoff wurde vielmehr unmittelbar während seiner Einströmung und Vermischung mit Luft entzündet, und zwar mittels einer Zündvorrichtung, welche kontinuierlich war oder während der Einströmung in Tätigkeit trat. Auf diese Weise wurde es möglich, auch die geringsten Brennstoffmengen, welche bei fertigen Gemischen überhaupt nicht oder zu langsam zu entzünden waren, ebenso sicher und schnell zu entzünden wie die günstigsten fertigen Gas- und Luftmischungen. Denn die Verbrennung setzte bereits ein, bevor das Gas sich in dem Verbrennungsraum so verteilt und verdünnt hatte, daß es unentzündbar geworden war. Ebenso konnten sehr reiche Brennstoffmengen, die sonst ebensowenig zu entzünden waren als die schwachen, dadurch zur Entzündung gebracht werden, daß die Entzündung schon zu einer Zeit einsetzte, bevor sich die im Verbrennungsraum schon vorhandene Luft mit Brennstoff so übersättigt hatte, daß sich nicht mehr genügend Sauerstoff zur Verbrennung fand. Es gehörte dazu eben einfach nur, daß die Zündvorrichtung schon vor Einströmen des Brennstoffes funktionierte, oder wenigstens in dem Momente in Tätigkeit trat, wo das Gas unter Überdruck in die Verbrennungsbombe eingespritzt wurde. Man konnte dies neue Verfahren die **dynamische Zündung** und Verbrennung nennen gegenüber der älteren **statischen**.

An Stelle der früheren engen Verbrennungsgrenzen von 1:5 bis 1:12 Raumteilen Luft konnte ich bald in Diagrammen, zu meiner großen Freude, 1 Raumteil Leuchtgas und **100 Raumteile Luft** ebenso wie 1 Raumteil Gas und **1 Raumteil Luft** noch sicher und schnell entzünden und so weit verbrennen, als die Luft ausreichte. Auf diese Weise erreichte ich eine Skala von Verbrennungsdrücken, die von $1/10$ at bis 12 und 14 at reichte, an Stelle des bisher ohne Vorkompression nur möglichen Spielraums zwischen 4 und 7 at. Der auffallend höhere Druck wurde vermutlich durch die starke Wirbelung der Gaseinspritzung hervorgerufen, ist aber zu einem Teil auch durch Schwingungen einer relativ schwachen Indikatorfeder bei schneller stoßweiser Verbrennung reicher Gasgemische zu erklären. Die Zündvorrichtung konnte dabei **permanent glühend** erhalten werden, da ja in dem nur mit Luft gefüllten Verbrennungsraum keine Verbrennung vor Einströmung des Gases entstehen konnte.

Der allgemeine Erklärungsgrund nun für die bis dahin nicht bekannte und beachtete Tatsache, daß, trotzdem die Zündung unmittelbar im Bereiche der Gaseinströmung und des noch geöffneten Ventils lag, dennoch Drucke durch die Verbrennung erzeugt werden konnten, welche **um ein Vielfaches höher waren, als der Druck des einströmenden Gases**, lag in der nicht lange vorher erst festgestellten physikalischen Tatsache, daß die eigentliche Fortpflanzungsgeschwindigkeit bei Verbrennung von Steinkohlengas in Luft selbst beim besten Gemisch verhältnismäßig gering, nämlich nur ca. $1\frac{1}{4}$ m per Sekunde ist, während man, wie meine Versuche zeigten, die Einströmungsgeschwindigkeit des Gases beim Einspritzen leicht durch höheren Druck um ein Vielfaches, z. B. auf 100 m, steigern konnte. Dadurch war es möglich, die Gaseinströmung immer schneller zu bewirken als sich die Entzündung im Verbrennungsraum fortpflanzte und schneller, bevor ein Verbrennungsdruck entstand, der höher war, als der des einströmenden Gases. Denn jener hätte ja sonst von selbst das Weitereinströmen von Gas verhindert und einen Rückstau des Gases in die obere Vorkammer verursacht.

Bei den Varianten der Zündung, die ich anwendete, zeigte sich u. a., daß die Verbrennungskurven in ihrer Druckhöhe und ihrem Verlaufe verschieden waren, je nachdem die Zündungsstelle unmittelbar am Einströmungskörper oder entfernter von ihm lag. Bei der entfernteren Lage war vor Eintritt der Zündung bereits ein

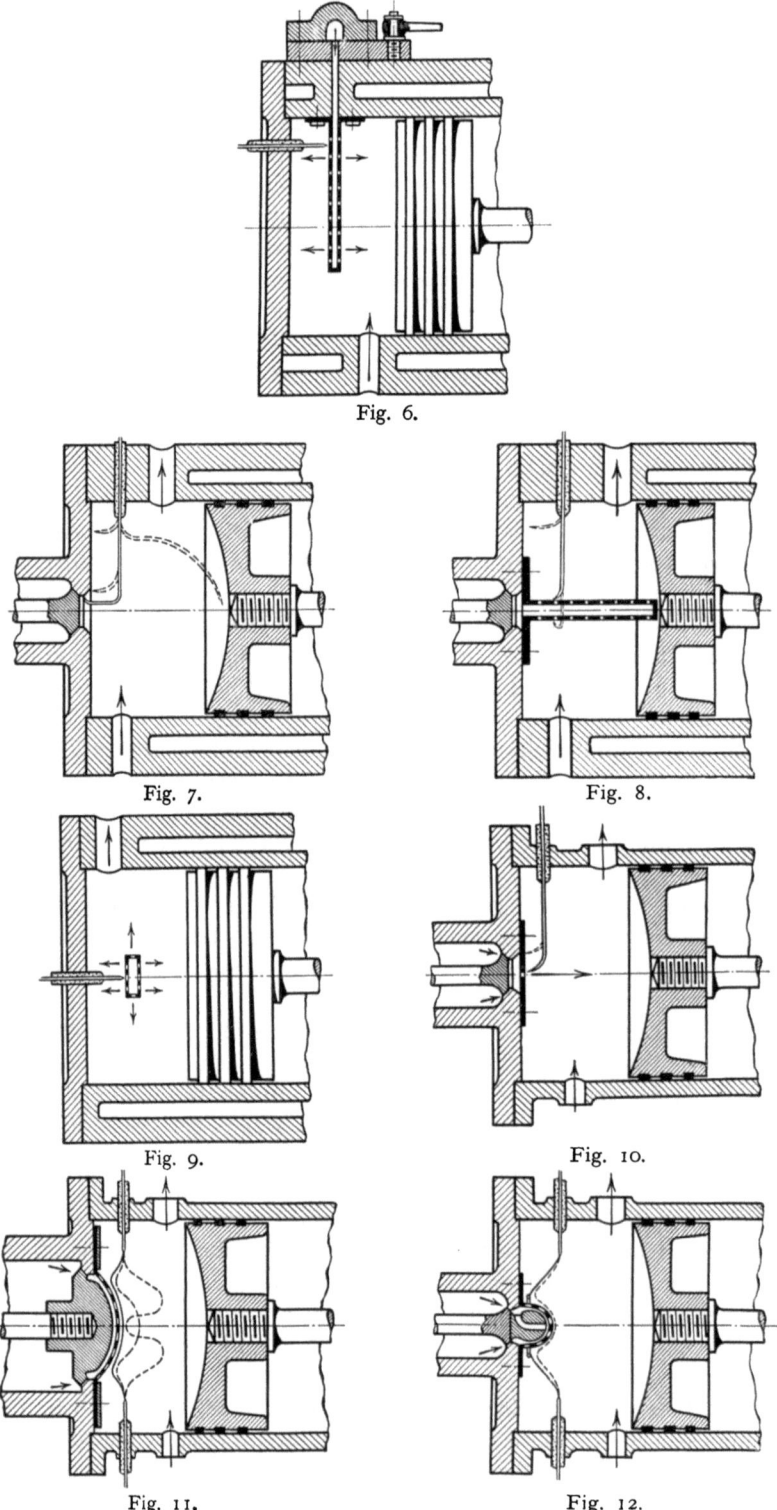

Fig. 6 bis 12. Bauarten der Oechelhaeuser-Zündung.

verhältnismäßig großes Quantum Brennstoff eingedrungen und fand deshalb die Verbrennung schon gleich anfangs in einer größeren Masse mit einer steiler aufsteigenden Kurve statt, als wenn die Zündstelle näher lag und gleich die ersten einströmenden Gaspartikelchen erfaßte und der Druck ganz allmählich anstieg. Ebenso ergaben sich viele Varianten, je nachdem der Gasstrom in dünnen oder dickeren Strahlen, in nahe aneinanderliegenden oder weiter entfernteren, Strahlen zerteilt war.

Um einen Überblick über die große Mannigfaltigkeit der hier möglichen Versuche zu geben, sind in Fig. 6 bis 12 einige der Einspritzvorrichtungen nach den Zeichnungen wiedergegeben, die den von mir seinerzeit (20. Juni 1887 bis 7. Mai 1888) nachgesuchten Patenten beigefügt waren. Auf diesen Zeichnungen war der Verbrennungsraum meiner Bombe mit festen Wänden in einen Arbeitszylinder mit

Fig. 13. Seitenansicht der 4pferd. Gasmaschine.

beweglichem Arbeitskolben verwandelt. Die Versuche gestalteten sich ungemein interessant und ergaben die verschiedenartigsten Verbrennungskurven, je nach der Zerteilung des Gasstroms beim Einspritzen durch Siebe verschiedener Lochweiten, durch gelochte Tüllen usw. und je nach der relativen Lage und Art der elektrischen Zündung.

Die in Anlage 1 enthaltenen Figuren 1 bis 18 geben einige Stichproben der ca. 1300 von mir bei diesen ersten Versuchen genommenen Diagramme nebst Erläuterungen dazu.

Nachdem ich so das Fundament für eine neue Verbrennung und Regulierung der Großgasmaschinen gefunden zu haben glaubte, und in meinem ersten Versuchsapparat meine kühnsten Erwartungen noch übertreffenden Ergebnisse erzielt hatte, ging ich daran, sie auf die 4pferdige Maschine von Benz zu übertragen, die anfangs nur zur Kompression des Gases bei meinem Versuchsapparat gedient hatte und damals die beste brauchbare Zweitaktgasmaschine in Deutschland war (Fig. 13).

Ich wählte von vornherein eine Zweitaktmaschine[1]), weil ich wirklich große Maschinen bei mäßigen Dimensionen nur in diesem System erreichen zu können glaubte. Denn im Gegensatz zum Viertaktsystem ist ja beim Zweitakt bekanntlich nicht erst jeder vierte, sondern jeder zweite Hub bereits arbeitsverrichtend. Ferner hatte Benz entgegen der bei den Ottomaschinen damals ausschließlich verwendeten Flammenzündung elektrische Zündung, die ich von vornherein als unerläßlich für Großgasmaschinen ansah, trotzdem man sie in Deutschland damals allgemein und mit Recht noch für zu unzuverlässig hielt. Jetzt kennt man keine Flammenzündung mehr, sondern nur noch die elektrische.

Die Regelung der Maschine sollte nach dem neuen Verfahren nur durch Veränderung der Spannung des momentan einzuspritzenden Gases erfolgen (Fig. 20, Anlage 1), und es entstanden hierbei für jede eingespritzte Gasmenge, also auch für geringe Belastungen ebenso schnell ansteigende Verbrennungskurven, wie in den vorgeführten Diagrammen des Versuchsapparates, während sonst bekanntlich die Diagramme bei einer langsamer werdenden Verbrennung immer flacher verlaufen und immer mehr streuen (Fig. 19, Anlage 1). Nachdem dieses Ziel erreicht war, versuchte ich, um die hohen Anfangsdrucke und Temperaturverluste zu vermeiden, die zweimalige stoßweise Einspritzung während eines Arbeitslaufes (Fig. 13, Anlage 1). Auch dies gelang, und es ergab sich in der Tat der verhältnismäßig hohe mittlere Druck, auf den es ja in erster Linie für eine große Arbeitsleistung ankommt.

Ich fliege über alle Enttäuschungen und Hoffnungen der nächsten Zeit hinweg und schalte zunächst noch ein, daß ich inzwischen meine Versuchsstation aus dem kleinen Hintergebäude unserer alten elektrischen Zentrale in Dessau, das zu Erweiterungszwecken hatte abgerissen werden müssen, in den Keller des Verwaltungsgebäudes der Deutschen Continental Gas-Gesellschaft verlegt hatte. Und wenn ich auf jene ersten Versuche noch einmal kurz zurückkomme, so geschieht es zur Warnung, nach einer bestimmten Richtung hin, bei ihrer etwaigen Wiederholung. Der Raum, in dem die zahlreichen Verbrennungsversuche gemacht wurden, war klein, niedrig und gar nicht ventiliert. Im Eifer der Versuche hatte ich bei Entnahme der Diagramme versäumt, eine regelmäßige Lüftung des Arbeitsraumes herbeizuführen, so daß die Verbrennungsgase, die aus der Bombe mit einem Hahn direkt in den Arbeitsraum entlassen wurden, unmerklich eine solche Verschlechterung der Luft herbeiführten, daß sich bei mir im Mai 1888 eine Art schleichender Blutvergiftung herausgestellt hatte, die mich zu einer mehrmonatigen Untätigkeit zwang.

Die Versuche an der Benzmaschine[2]) hatten inzwischen ergeben, daß ihr vollständiger Umbau für Anwendung meiner Strahlzündung notwendig war. Da aber meine hauptamtliche Berufstätigkeit in der Deutschen Continental Gas-Gesellschaft eine noch weitergehende Beschäftigung mit der Ausbildung einer Großgasmaschine

---

[1]) Bei der Abnahme am 16. Dezember 1887 leistete sie 4,7 effekt. PS bei 145 Touren mit 4,9 cbm Gas, also für eine effekt. PS etwas über ein cbm Gas. Der Bau der Benzmaschinen hatte 1884 begonnen.

[2]) Die Versuche fanden unter der dankenswerten Assistenz des jetzigen Oberingenieurs der Deutschen Continental-Gesellschaft Herrn Niemann und des Monteurs Just statt. Dieser blieb mir durch die langjährigen Versuchsschwierigkeiten hindurch bis zur Montage der ersten Großgasmaschinen beim Hoerder Bergwerks- und Hüttenverein (1898) treu und führte ihren Betrieb auch dort noch als Obermonteur bis 1910.

nicht zuließ, und ich bald darauf Generaldirektor dieser Gesellschaft wurde, so wandte ich mich an meinen alten Studienfreund, den leider zu früh verstorbenen Professor Dr. Adolf Slaby, mit der Bitte, mir einen möglichst tüchtigen, jungen Ingenieur und Konstrukteur zuzuweisen. Als solchen empfahl er mir sehr warm Herrn Hugo Junkers, den späteren bekannten Professor der Aachener Hochschule. Er trat am 28. Oktober 1888, also zwei Jahre nach Beginn der oben geschilderten Versuche, in meine Privatdienste ein. Ungefähr ein Jahr später, Anfang November 1889, gesellte sich zu uns noch Herr Ingenieur A. Wagener und im März 1891 Herr Regierungsbaumeister W. Lynen. Ich komme auf die Zusammenarbeit mit diesen Herren noch eingehender zurück.

Als Herr Hugo Junkers in meine kleine zweite Versuchsstation im Keller der Deutschen Continental Gas-Gesellschaft zu Dessau eintrat, lagen bei mir folgende Resultate und Absichten für die Konstruktion von Großgasmaschinen vor:

1. Die Erprobung des Zweitaktsystems, durch das ich in erster Linie allzu große Zylinderdurchmesser vermeiden zu können hoffte.

2. Die Möglichkeit der Regulierung des Motors durch Entzündung beliebiger Mischungsverhältnisse von Gas und Luft statt der Regulierung durch „Aussetzer".

3. Die Einführung der elektrischen Zündung an Stelle der damals in Deutschland allgemein benutzten Flammenzündung. Auch eine kontinuierliche Zündung hatte sich nach meinem Verbrennungsverfahren als ausführbar erwiesen.

4. Zielten meine Bestrebungen auf Herstellung eines möglichst hohen mittleren Druckes im Arbeitszylinder. Hierfür sollten nicht nur eine hohe Vorkompression, sondern auch die an sich noch höheren Drucke dienen, die mit meinem Einspritzverfahren durch Wirbelung erreicht wurden. Denselben Zweck sollte eventuell die Doppeleinspritzung während eines Arbeitshubes verfolgen.

Nach Eintritt des Herrn Junkers wurde die Benzmaschine hintereinander drei Umbauten unterworfen, um einen großen Teil der Versuche, die ich an dem Versuchsapparat gemacht, auf sie zu übertragen. Insbesondere wurden die Einspritzversuche in der inneren Totpunktlage des Kolbens mit den verschiedensten Varietäten der Strahlverteilung, der Zündungsart und der Zündungslage wiederholt, ebenso die Doppeleinspritzung während eines Arbeitshubes. Ferner wurde die Regulierung dementsprechend vielfach umgeändert. Es ergaben sich interessante Resultate aller Art, die indes aus dem Grunde keine Aussicht für Großgasmaschinen in der Praxis eröffneten, weil die momentane Gaseinspritzung, die sich in meinem kleinen Versuchsapparat so überaus leicht mit allen Varianten hatte durchführen lassen, für eine große Maschine zu weite Einströmungsquerschnitte, zu schnelle Ventilbewegung und namentlich unwirtschaftlich hohen Überdruck des Gases erforderte. Es ließen sich deshalb an der wiederholt umgebauten Versuchsmaschine auch die erhofften Vorteile zahlenmäßig, in der Ökonomie des Gasverbrauches, nicht nachweisen. Der dornenvolle Weg vom Laboratoriums-Experiment bis zur praktisch brauchbaren Maschine war also zunächst ohne Erfolg beschritten!

Gleichwohl ist es später von mehreren meiner Mitarbeiter bedauert worden, daß wir im Drange, schnell vorwärts zu kommen, das neue Verbrennungsverfahren zu eilig aufgaben. Vielleicht hätte sich die Möglichkeit ergeben, nur so viel Gas momentan bei gleichzeitiger Zündung in ein vorher eingeführtes, konstant zusammengesetztes, ärmeres Gas- und Luftgemisch einzuspritzen, als zur sicheren Zündung und zur Regulierung des Kraftbedarfes erforderlich gewesen wäre: Ähnlich wie beim Bunsenbrenner die Luft in zwei getrennten Perioden Zutritt zum Gase erhält, wäre hier das Gas der Luft in zwei Perioden zugeführt.

Inzwischen hatte sich das Vertragsverhältnis mit Herrn Junkers in ein Teilhaberverhältnis umgewandelt, und erbauten wir im Frühjahr 1890 für die Fortsetzung der Versuche auf dem Grundstück der Dessauer Gasanstalt eine besondere Versuchsstation (es war für mich die dritte) unter der Firma „Versuchsstation für Gasmotoren von Oechelhaeuser und Junkers". Bis Mitte des Jahres 1894 wurden hier eine Reihe der interessantesten Experimente an verschiedenen neuen und umgebauten Maschinenmodellen gemacht, über die eingehender zu berichten einen dicken Band füllen, der indes in allen seinen Phasen heute nicht mehr genug Interesse darbieten würde.

Bevor der erste größere Erfolg mit unserer Doppelkolbenmaschine erreicht wurde, sei nur kurz noch das von Herrn Junkers vorgeschlagene Experiment mit einem Doppelkurbelgetriebe nach Art der damals bekannten englischen Atkinsonmaschine gestreift, bei dem die Pleuelstange nicht direkt auf die Schwungradwelle arbeitete, sondern indirekt durch zwei miteinander verbundene und gegeneinander verstellbare Kurbeln. Dieses eigenartige Getriebe hatte den Zweck, eine erhöhte Kolbengeschwindigkeit während der Expansion der Verbrennungsgase herbeizuführen und dadurch die Wärmeverluste durch Übergang an die Zylinderwände tunlichst einzuschränken. Dafür sollte sich der Kolben dann beim Rückgang in der Nähe des äußeren Totpunktes desto langsamer bewegen, um der Ausströmung der Rückstände und der Einführung frischer Luft so viel Zeit als möglich zu lassen. Dabei konnten relativ kleine Querschnitte für die Ausströmung und das Lufteinlaßventil erreicht werden, was auch sonst noch konstruktive Vorteile mit sich brachte. Dies interessante Getriebe wurde sowohl an einem dritten Umbau des Benzmotors, als an einer ganz neuen 30pferdigen Versuchsmaschine Modell V versucht. Es ergab sich tatsächlich, wie erwartet, eine langsamer abfallende Expansionskurve, also eine größere indizierte Arbeitsleistung, allein die hohen Beschleunigungsdrucke erforderten ganz außerordentliche Dimensionen mancher Maschinenelemente, so daß wir unter anderem aus diesem Grunde von der Weiterverfolgung der Idee Abstand nahmen.

Erwähnt sei nur noch, daß man sich heute kaum eine Vorstellung mehr von den Schwierigkeiten machen kann, die allein die Herstellung einer brauchbaren elektrischen Zündung für Maschinen von hoher Kompression und sehr gesteigerten Anfangstemperaturen machte, Schwierigkeiten, die ja noch bis in den Bau der Automobile und Luftfahrzeugmaschinen hineinreichten. Zahllos waren die Unterbrechungen, die unsere Versuche durch die Unzuverlässigkeit der elektrischen Zündung erlitten. Alles mußte dazu damals neu ausprobiert werden, Materialien sowohl als Konstruktion. Denn die einfache Übertragung der in Frankreich bei den Lenoir-Maschinen bereits verwendeten elektrischen Zündapparate versagte bei den hohen Kompressionen und Temperaturen und unter den Voraussetzungen und Bedingungen unserer Versuche vollständig, obwohl ich von Paris von der mir befreundeten Pariser Gas-Compagnie einen Originalapparat mitgebracht hatte. Wegen eines möglichst feuerbeständigen Isoliermaterials korrespondierte ich gleich anfangs mit der Königlichen Porzellanmanufaktur sowie mit der Firma Siemens & Halske über Anwendung ihres elektrischen Minenzünders. Von Paris bezogen wir die stärksten Rumkorff-Induktoren, um bei hoher Kompression und dadurch sehr gesteigerten Temperaturen starke, mit sicherer Regelmäßigkeit überspringende Zündungsfunken zu erzielen.

Auch wurden die Versuche wiederholt, die ich anfangs mit der kontinuierlichen Zündung im Versuchsapparat, nämlich mit glühenden Platindrähten, später an der

Benzmaschine mit glühenden Platintiegeln gemacht. Endlich wurde sogar der Gedanke ausgeführt, Induktionsspulen in dem Schwungradkranz einer Versuchsmaschine anzubringen und sie zwischen festen Magneten hindurch sausen zu lassen, um dadurch möglichst kräftige Funken für unsere Hochdruckmaschine zu erzeugen. Und wie es mit der elektrischen Zündung ging, so begannen schon damals die Schwierigkeiten mit den Stopfbüchsen für die Hochdruck-Gaspumpe, die für den Arbeitszylinder bis in die neuere Zeit der doppeltwirkenden Viertaktmotoren hineingespielt haben. Dann kamen die Versuche mit Kühlungen aller Art, insbesondere auch mit Wassereinspritzungen und Vorkühlung der Verbrennungsluft, alles Schwierigkeiten, die erst bei so hohen Kompressionen und Verbrennungstemperaturen wie den hier angewandten, auftraten. Zentralschmierapparate und neue Bremsen wurden konstruiert usw., kurz, wenn wir nicht in den Herren Wagener und Lynen so vortrefflich vorgebildete Mitarbeiter gehabt hätten, wäre es uns kaum möglich gewesen, in dem kurzen Zeitraum von 4 Jahren in der neuen Versuchsstation so viele Maschinen mit so zahllosen Detailabänderungen durchzuführen. Auch waren wir insofern noch von großem Glück begünstigt, daß Niemand von den die Versuche ausführenden Herren bei den ungewöhnlich hohen Verbrennungsdrucken und bei den doch immerhin sehr provisorischen Einrichtungen ernstlich zu Schaden kam.

Ein interessantes und erfolgreiches Nebenergebnis der Versuche dieser Zeit möchte ich hier nicht unerwähnt lassen, nämlich die Konstruktion des seither ganz allgemein eingeführten Junkersschen Kalorimeters. Denn da wir in dieser Station nicht nur mit Steinkohlengas operierten, sondern auch Generatorgase mit Anthrazit und Koksfeuerung zum Vergleich heranzogen, so war eine sichere, dauernde Kontrolle ihrer Heizwerte mit einem bequemen, schnell zu handhabenden Apparat unerläßlich. Und aus diesem dringenden Bedürfnis heraus entstand während unserer Versuche das Junkerssche Kalorimeter, dessen durchaus zuverlässige Resultate uns in einem Briefe von Professor Slaby vom 12. Oktober 1892 bestätigt wurden.

Von den Hauptresultaten unserer Versuche dürfte heute noch die für 100 PS konstruierte erste Doppelkolbenmaschine interessieren. Herr W. Lynen, jetzt Professor an der technischen Hochschule in München, hatte auf Grund unserer bisherigen Erfahrungen eine Reihe von schematischen Skizzen für den Neubau einer „Hochdruckgasmaschine" aufgezeichnet. Wir wählten davon die Doppelkolbenmaschine aus, deren Urform mir persönlich als stehende Dampfmaschine, als sogenannte „Hammermaschine" in Dinglers Polytechnischem Journal zum erstenmal begegnet und für unseren Fall besonders gut verwendbar erschienen war. Denn diese Bauart der gegenläufigen Kolben verwirklichte meine von vornherein schon durch die Wahl des Zweitaktes festgehaltene Absicht, einen im Verhältnis zur Leistung möglichst geringen Zylinderdurchmesser zu erzielen, indem die Verbrennungsgase auf zwei und zwar gegenläufige Kolben drückten. Durch den relativ geringen Zylinderdurchmesser war auch eine leichtere Kühlung der eingeschlossenen Verbrennungsgase durch die Zylinderwandung sowie der Kolben möglich, und die Verteilung des gesamten Hubes auf 2 Kolben ließ eine hohe Tourenzahl zu. Es ergab sich auch zwischen den Kolben ein außerordentlich günstiger Verbrennungsraum ohne schädliche Nebenräume. Die an den gegenüberliegenden Enden desselben von uns angeordneten Ein- und Auspuffschlitze ließen eine ideale, vollständige Ausspülung des Verbrennungsraumes zu. Ferner ließ sich mechanisch durch die eigenartige Verbindung der beiden Kolben mit einer dreifach gekröpften Welle ein sehr weitgehender Massenausgleich erzielen. Der Arbeitszylinder war an beiden Seiten offen, die Kolben leicht auswechselbar, kurz, es ergaben sich alle die Vorteile, die zur Genüge aus der Literatur und den heftig darüber geführten späteren Konkurrenzkämpfen bekannt geworden sind.

Das Modell dieser ersten Doppelkolbenmaschine vom Jahre 1892 (System Oechelhaeuser und Junkers) zeigt Fig. 14 bis 16.

Die überaus günstigen ökonomischen Ergebnisse und Diagramme waren u. a. eine Folge der von vornherein angestrebten hohen Kompression, die hier 19 at

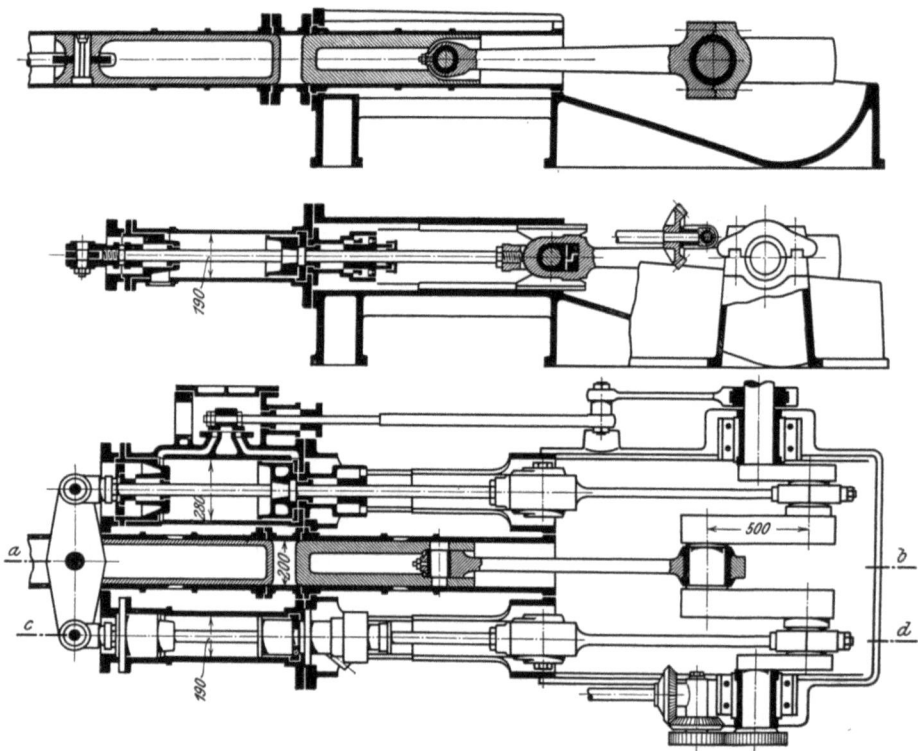

Fig. 14 bis 16. Doppelkolbenmaschine 1892.

und einen Verbrennungsdruck bis 68 at erreichte. Wir hatten deshalb diese kleine Maschine, die bei nur 200 mm Zylinderdurchmesser 100 PS erreichte (Modell VI), unsere „Kanone" getauft, und es wurde von allen Ingenieuren, die sie damals im Betriebe sahen, bemerkt, daß man beim Auflegen der Hand auf den Arbeitszylinder während des Betriebes trotz des hohen Verbrennungsdruckes nicht die geringste Erschütterung wahrnahm. Eins der erhaltenen Diagramme zeigt Fig. 17.

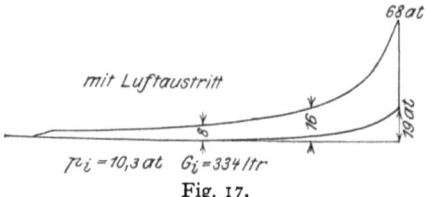

Fig. 17.

Um die in diesem Diagramm vorliegenden Resultate namentlich aus der damaligen Zeit heraus zu verstehen und zu würdigen, seien sie nebeneinander gestellt mit denen eines Diagramms, das wir zu gleicher Zeit (1891) und zum Vergleich

an einem 60 pferd. „Otto-Motor" der elektrischen
Zentrale zu Dessau nahmen (Fig. 18).

In Fig. 19 hat Junkers beide Diagramme in einem Bild vereinigt.

Einen zahlenmäßigen Vergleich beider Diagramme bietet die nachfolgende Zusammenstellung:

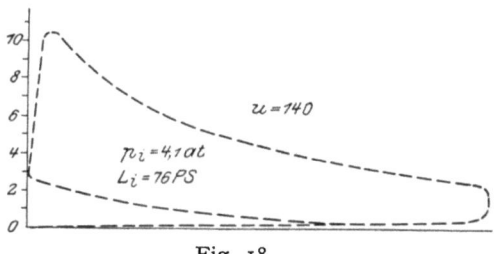

Fig. 18.

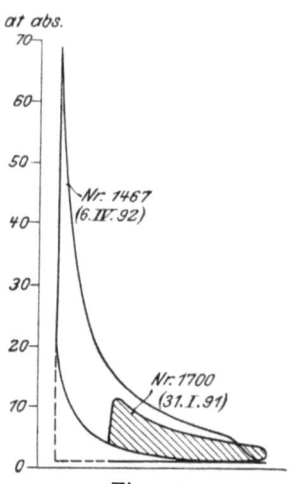

Fig. 19.

	Otto-Motor (Zwilling)	Oechelhaeuser- u. Junkers-Motor (Einzelzylinder)
Indizierte Pferdestärke	76	116
Durchmesser des Arbeitskolbens	410 mm	200 mm
Kompressionsspannung	2,5 at	19 at
Höchster Verbrennungsdruck	10 at	68 at
Mittlerer Verbrennungsdruck	4,1 at	10,3 at
Umlaufzahl in der Minute	140	160
Gasverbrauch für die indizierte PS/st	624 Liter	334 Liter (ohne die Arbeit der Ladepumpen, die bei den späteren Maschinen mit 10 bis 15 vH festgestellt wurde)

Bei der neuen Maschine war also schon allein die Vorkompression der Ladung fast doppelt so hoch wie beim Ottosystem der Verbrennungsdruck, und dieser fast siebenmal so groß bei der neuen Maschine gegenüber der alten. Der Brennstoffverbrauch war auf rd. 60 vH herabgemindert. Bei unseren späteren und allen neueren Großgasmotoren sind diese Drucke wesentlich geringer.

Wir gingen nach diesem ersten durchschlagenden Erfolg bezüglich Ökonomie und Konstruktion nun daran, eine neue, größere Doppelkolbenmaschine zu konstruieren für nom. 200 PS, die nach einem von uns mit der Berlin-Anhaltischen Maschinenbau-Akt.-Ges. abgeschlossenen Vertrag von ihr in Dessau erbaut werden sollte. Gleichzeitig hatte damals die Deutzer Gasmotoren-Fabrik durch ihren verstorbenen Direktor Schumm den Wunsch geäußert, den alleinigen Bau unserer Maschinen zu übernehmen. Wenn wir schweren Herzens auf diese verlockende Aussicht verzichteten, so geschah es, weil sowohl Herr Junkers als ich den lebhaften Wunsch hatten, die Weiterentwicklung der Maschine in Dessau unter Augen zu behalten. Das neue Modell der Doppelkolbenmaschine (Mod. VII) wurde auf dem Probierstand der Bamag in der Dessauer Filiale am 25. Mai 1893 in Gang gesetzt und am 2. Oktober vorübergehend mit 210 PS belastet, wobei die damals außergewöhnlich niedrige Verbrauchsziffer von 400 Liter Leuchtgas für eine effekt. PS erzielt wurde (Fig. 20 und 21)[1]).

Noch in demselben Monat (17. Oktober 1893) schrieb der Generaldirektor der Bamag, der verstorbene Emil Blum, an Geheimrat Slaby: „Die 200-PS-Maschine Oe. und J. ist nunmehr so weit, daß wir dieselbe Ihrem sachverständigen Urteile unterwerfen können." Auch Professor Riedler sollte zugezogen werden. Jedoch allerlei Störungen und besonders auch vielfache Vorzündungen, sobald wir eine Belastung von 170 bis 180 PS überschritten, ließen einen Dauerbetrieb in der

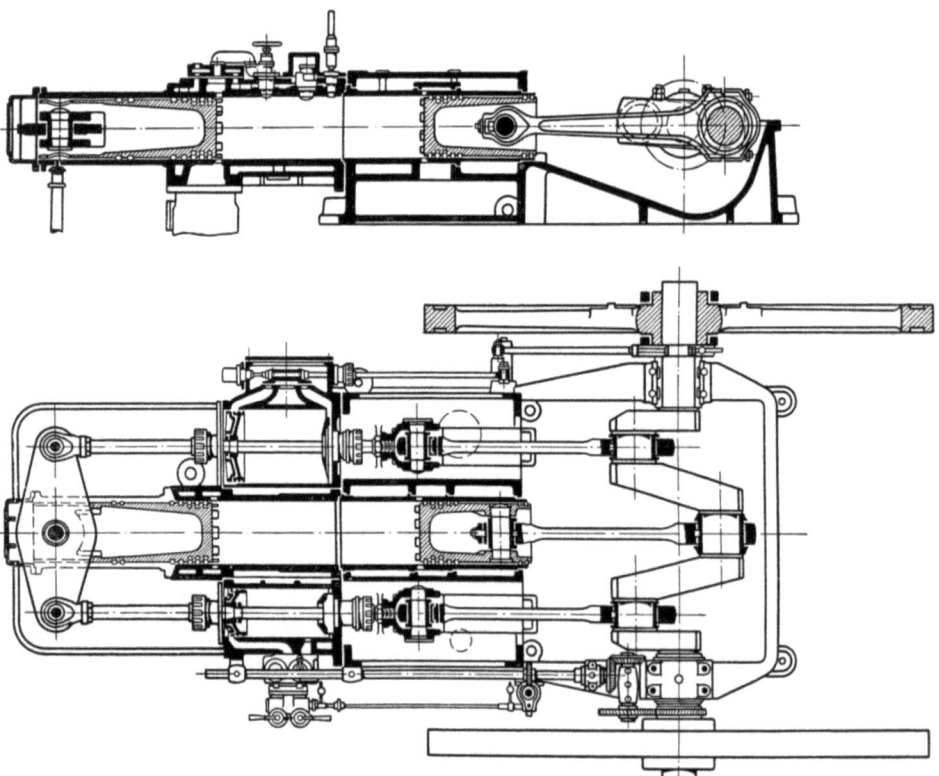

Fig. 20 und 21. Oechelhaeusers Doppelkolbenmaschine vom 25. Mai 1893.

Sicherheit, wie er für wissenschaftliche Abnahmeversuche unerläßlich war, nicht zu. Da nun Herr Junkers und ich uns zudem von vornherein zum Prinzip gemacht hatten, nicht eher etwas bekanntzugeben, bevor wir nicht eine wirklich einwandfrei laufende und für die Praxis brauchbare Maschine hätten, schien uns der Zeitpunkt für eine allgemeine Veröffentlichung noch nicht gekommen. Wir mußten uns deshalb entschließen, Slaby am 23. Januar 1894 abzuschreiben. Gleichzeitig wurde beschlossen, zur schnelleren Ausbildung gewisser Einzelheiten erst noch eine 25 pferdige Versuchsmaschine (Mod. VIII) zu erbauen, da es sich bei Ausbildung der technischen Details des großen Modells von nom. 200 PS als ein erheblicher Übelstand herausgestellt hatte, daß nicht gleichzeitig ein kleinere Maschine

---

[1]) Die Beschreibung der Maschine darf nach den vielfachen Veröffentlichungen als bekannt vorausgesetzt werden.

desselben Systems vorhanden war, an der manche Einzelheiten viel schneller und billiger festgestellt werden konnten.

Das Vertragsverhältnis zwischen Herrn Junkers und mir vom Jahre 1890 hatte bei Übergang der Konstruktionen und Versuche an die Bamag bereits am 17. April 1893 seine Endschaft erreicht, und Herr Junkers zeichnete nun wieder als selbständiger Zivilingenieur. Herr Regierungsbaumeister Lynen trat in den Dienst der Bamag über, und leitete jene Versuche dort weiter mit Unterstützung des bei mir verbliebenen Herrn Wagener.

Während des Baues und Betriebes des großen 200 pferdigen Modells hatte sich nun leider herausgestellt, daß bei der Berlin-Anhaltischen Maschinenbau-Akt.-Ges. die mir von meinem Hauptberuf her nahestand, die Gasmaschinenabteilung doch nur eine stiefmütterlich behandelte Nebenabteilung war, für welche man die beim Großgasmaschinenbau anfangs unerläßlich großen Opfer nicht zu bringen vermochte. Ich mußte deshalb den Bau und die Versuche an dieser neuen 25 pferdigen Probemaschine wieder auf eigene Kosten übernehmen. Gleichwohl werde ich stets dankbar der persönlichen und sachlichen Unterstützung des an diesen Verhältnissen nicht schuldigen sachkundigen Direktors Herrn Geheimrat Roth und seines trefflichen, inzwischen verstorbenen Oberingenieurs Lefèvre gedenken, von denen der letztere ein fast ebenso lebendiges Interesse an dem Gelingen einer Großgasmaschine zeigte wie wir selbst. Beinahe wäre er bei einem der Versuche in der Bamag, schwer verletzt, ums Leben gekommen.

Das Wesen der bisherigen Erfolge der nom. 200 pferdigen Maschine und ihren status quo charakterisierte Herr Lynen vor seinem Austritt aus der Bamag und vor dem beschlossenen Umbau der Maschine in einem Schlußbericht vom 15. Februar 1894 u. a. dahin, „daß sie, abgesehen vom Zweitakt, mit starker Expansion arbeite (nämlich mit 1 : 6, bei Ottos Viertaktmotor hingegen nur mit 1 : 2,5), mit hohem mittleren indizierten Druck von etwa 8 bis 10 at, bei Otto 4 bis 5 at, und infolgedessen kleines Arbeitsvolumen, d. h. kleinen Zylinderdurchmesser, und kleinen Hub habe. Durch die starke Ausnutzung der Gase entstehe ein geringer Gasverbrauch. Hierbei wirke günstig ein, daß die feuerberührten Flächen möglichst kleine seien — Kanäle und hohle Räume für die Ventile — wie bei Otto — fehlen, so daß der schädliche Einfluß der Wandungen möglichst gering sei. Die ins Kühlwasser eingeführte Wärme betrage nur 17 vH, bei Otto 45 vH. Als Nachteile wurden die für damalige Zeit hohen Drucke (14 at Kompression und 45 at Verbrennungsdruck) bezeichnet. Die hohen Drucke seien zwar ohne Einfluß auf den ruhigen Gang, erforderten aber sehr sorgfältige Dichtungen. Ferner führten die hohen Temperaturen leicht Selbstentzündungen herbei, bedürften also einer sehr rationellen Kühlung. Er habe aber die volle Überzeugung, daß der Betrieb solcher Maschinen mit dem angegebenen Expansionsgrad möglich sei, also ein vollständig regelmäßiger Gang, Schmierung aller bewegten Teile, sichere Dichtung und ausreichende Kühlung, so daß keine Selbstzündungen entstünden".

Vielleicht ist dies noch heute von einigem historischen Interesse zur Charakterisierung der Zeitverhältnisse vor Beginn der eigentlichen Großgasmaschinenperiode.

Am 15. März verließ Herr Lynen seine Stellung bei der Bamag, am 29. Dezember desselben Jahres erfolgte die Inbetriebsetzung der vorerwähnten neuen kleinen 25 pferdigen Maschine, und am 12. Januar 1895 wurde zum erstenmal ihre volle Leistung gebremst. Die Sondererfahrungen, die an dieser Maschine gemacht waren, wurden beim Umbau der nom. 200 pferdigen Maschine verwertet, so daß diese (29. Februar 1896) drei Stunden lang 186 eff. PS zu leisten vermochte. Die natürliche Grenze der Leistungsfähigkeit dieser Konstruktion, die sonach ungefähr bei 180 effekt. PS für einen Dauerbetrieb mit Leuchtgas lag, konnte also auch jetzt, nach vollzogenem Umbau, nicht überschritten, also die nominelle Stärke von 200 PS nicht erreicht werden. Die Zeit der Großgasmaschine brach, wie die Folgezeit lehrte, erst mit der Verwendung der sogenannten armen Gase an.

Damit war der erste Hauptabschnitt meiner, mit ausgezeichneten Mitarbeitern unternommenen Versuche nach achtjähriger Arbeit abgeschlossen, und schien dies zunächst auch ein völliger Abschluß zu sein, ohne das Ziel: eine wirkliche Großgasmaschine, trotz mancher Einzelerfolge, erreicht zu haben.

Inzwischen war nun auch im Gasfach eine Wendung eingetreten, die alle meine Hoffnungen und Vorausberechnungen, wenigstens für die mit Leuchtgas (Steinkohlengas) zu betreibende Großgasmaschine, über den Haufen warf. Ich hatte, wie schon angedeutet, die ganze Beschäftigung mit den Großgasmaschinen in der Hauptabsicht unternommen, für die unter der steigenden elektrischen Konkurrenz vielleicht in Bedrängnis geratende Gasindustrie ein neues großes Absatzgebiet zu schaffen. Durch die bald nach Beginn meiner Versuche in Erscheinung getretene Erfindung des Gasglühlichtes durch Auer von Welsbach war indes das Steinkohlengas inzwischen wieder eine so gesicherte und geschätzte Beleuchtungsquelle geworden, daß vernünftigerweise an eine weitere Herabsetzung der Gaspreise nicht gedacht zu werden brauchte. Und eine ganz wesentliche Herabsetzung dieser Preise war die unerläßliche Voraussetzung für den Betrieb von Großgasmaschinen mit Steinkohlengas gewesen. Jetzt aber, nachdem das Steinkohlengas im Auerbrenner einen so vielfach höheren Lichteffekt ergab, stieg es außerordentlich im Werte, und es dachte niemand mehr daran, die Gaspreise für Kraftbetrieb, die ohnehin schon als Extrapreise auf 10 bis 12 Pfg. pro cbm ermäßigt waren, noch weiter zu vermindern. Man hätte auf etwa 5 Pfg. kommen müssen, um wirklich große Gasmaschinen rationell betreiben zu können! Damit war mein Berufs-, nicht aber mein Interesse als Ingenieur zunächst erledigt. Herr Junkers war bereits 3 Jahre vorher aus unserer Arbeitsgemeinschaft ausgetreten und die Bamag hatte das Interesse an einer Großgasmaschine mit unwirtschaftlichem Leuchtgasbetrieb begreiflicherweise verloren.

Ich kann indes diesen Abschnitt der Entwicklungsgeschichte meiner Gasmaschine nicht verlassen, ohne hervorzuheben, in wie harmonischer Weise die Mitarbeit der Herren Junkers, Lynen und Wagener allezeit mit mir verlaufen. Ich persönlich schätzte an diesen Mitarbeitern nicht nur das gründliche theoretische Wissen, die vorzügliche Beobachtungsgabe, das praktische Können, sondern mindestens ebensosehr auch den Charakter. Denn gerade bei dem berüchtigten „Erfinden", bei dem Ehrgeiz und Eitelkeit eine so große Rolle spielen, wo die Stimmungen bei tausenderlei kleinen und großen Schwierigkeiten immer zwischen Himmelhochjauchzen und Zum-Tode-betrübt-Sein wechseln, gerade da zeigen sich die Charaktere von ihrer stärksten, aber auch von der schwächsten Seite. Das, was hier in der gemeinsamen Arbeit Alle bewegte, war immer die strenge Sachlichkeit, mit der jede Frage und Meinungsverschiedenheit behandelt wurde, getragen von der gemeinsamen Begeisterung für einen zu erhoffenden großen Fortschritt! Und darum erfüllt es mich noch heute mit einer gewissen Genugtuung, daß unsere gemeinsame

Jugendarbeit vielleicht mitbestimmend dafür war, daß die drei genannten Herren als ordentliche Professoren Zierden der technischen Hochschulen von Aachen, München und Danzig geworden sind.

Herr Wagener blieb noch eine ganze Reihe von Jahren mit mir auf demselben Gebiete tätig, zunächst noch in Diensten der Bamag, um zwei Jahre später die wirkliche erste Großgasmaschine aus der Taufe zu heben. Denn ich selbst hatte zwar nach den Erfolgen des Auerlichtes keine Veranlassung mehr für Schaffung einer Großgasmaschine als Generaldirektor einer Steinkohlengasgesellschaft, wohl aber das Interesse für die Verwendung ärmerer Gasmischungen und damit auch ärmerer Gase als Ingenieur behalten und gerade dafür auch meine erfolgreichen Versuche im Verbrennungsapparat gemacht. Dazu kam noch, daß um diese Zeit die großen Generatoranlagen für arme Gase sowohl in England unter Vorantritt von Dowson, als namentlich auch in Frankreich, einen großen Aufschwung genommen hatten. Dann trat auch zufällig noch ein besonderer Anlaß zur Weiterverfolgung meiner Pläne dadurch ein, daß der verstorbene Ludwig Löwe, der zum Aufsichtsrat der Bamag gehörte, und von meinen Versuchen Kenntnis erhalten hatte, mir unterm 7. März 1896, also etwa 2 Jahre nach Beendigung der Versuche mit Herren Junkers und Lynen, schrieb, daß seine Aktiengesellschaft Ludwig Löwe & Co. seit einiger Zeit in Verhandlung mit dem Hörder Bergwerks- und Hütten-Verein wegen Lieferung einer großen Kraftübertragungsanlage stünde, und daß er Herrn Betriebsdirektor Michler von Hörde, welcher sich vorerst über die vorteilhafteste Art der Krafterzeugung klar werden möchte, veranlaßt hätte, sich wegen Lösung dieser Frage mit mir in Verbindung zu setzen. Dieser Besuch fand am 11. März 1896 in Dessau statt. Ich trug hierbei meine Ideen vor: wie unsere bisher mit Leuchtgas betriebene Doppelkolbenmaschine (Oechelhaeuser & Junkers) als Versuchsmaschine für direkte Verbrennung von Hochofengasen in Hörde vorläufig umgeändert und als Hochofengasmaschine später neugestaltet werden könne.

Eingeschaltet sei hier, daß der Hörder Bergwerks- und Hüttenverein bereits im Oktober 1895, und zwar als erste Firma in Deutschland, mit Versuchen zur direkten Verbrennung der Hochofengase in Gasmaschinen, statt der Verbrennung unter Dampfkesseln, vorangegangen war, und zwar durch Aufstellung einer 12 PS-Gas-Maschine, System Otto. Dadurch waren die Herren in Hörde für diese bedeutende Zukunftsmöglichkeit gründlich vorbereitet, so daß der Direktor der Dessauer Filiale der Bamag, der energische Herr Roth, bereits Ende desselben Monats eine Vereinbarung zur Überführung der auf dem Probierplatze der Bamag in Dessau stehenden Oechelhaeuser- und Junkers-Maschine nach Hörde treffen konnte.

Die Versuche fanden unter Leitung des Herrn Wagener und des Herrn van Vlothen vom Hörder Bergwerks- und Hüttenverein vom 1. bis 18. Juni 1896 statt und fielen so befriedigend aus, daß diese bedeutende montane Gesellschaft nunmehr zum Bau der ersten großen elektrischen Zentralstation mit Hochofengasmaschinen in Europa überging.

Unsere Doppelkolbenmaschine, die mit Steinkohlengas 180 PS geleistet hatte, ergab mit Hochofengas, entsprechend dessen geringerem Heizwert 120 effektive PS. Bereits am 1. August wurde zwischen dem Hörder Verein und der Bamag ein Vertrag auf Lieferung von 4 Zwillingsmaschinen von je 600 PS abgeschlossen. Herr Wagener berichtete über die neuen Maschinen in seinem Vortrag auf der Kölner

Versammlung der Vereins deutscher Ingenieure (1900)[1]) folgendes: „Die Einrichtung der neuen Maschinen mußte den Versuchsergebnissen entsprechend grundsätzliche Änderungen erfahren. Es ergab sich daraus ein in bezug auf die Einführung des Gemenges grundsätzlich neues Maschinensystem usw." In eben diesem Zitat meines früheren Mitarbeiters, der sich stets durch unabhängige, offene Meinungsäußerung mir und der Öffentlichkeit gegenüber auszeichnete, findet man schon den später eine Zeitlang bestandenen Irrtum aufgeklärt, als wenn es sich bei meinen Hörder Maschinen lediglich um eine Aptierung der alten Oechelhaeuser- und Junkers-Machine an die Verhältnisse des Hochofengases gehandelt hätte. Sicherlich war dies der Zweck. Aber, um ihn mit der Doppelmaschine wirtschaftlich und technisch einwandfrei zu erreichen, mußte die ganze Grundlage der Maschine, nämlich ihr Arbeitszyklus, verändert werden. Und der Arbeitsvorgang ist sonst doch gerade bei Verbrennungsmaschinen, stets als eine grundlegende Hauptsache angesehen worden. In der alten Maschine wurde nämlich die Gasladung in

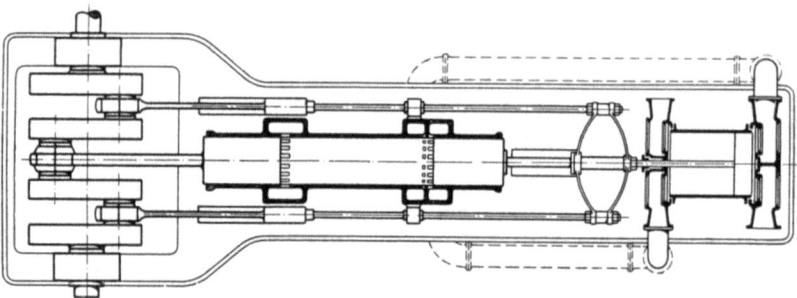

Fig. 22. Schema der Oechelhaeuser-Maschine.

einer besonderen Hochdruckpumpe, die unmittelbar neben dem Arbeitszylinder saß, auf 10 bis 13 at verdichtet und gegen Ende der Vorkompression der Luft im Arbeitszylinder mit einem Überdruck von 2 bis 3 at in diesen übergeführt, und zwar mit einem besonders gesteuerten Gasüberströmventil. In den neuen Maschinen hingegen, die auf ausdrücklichen Wunsch der ausführenden Firmen mit meinem Namen versehen wurden — ich hatte andere Bezeichnungen vorgeschlagen — geschah die gesamte Verdichtung des Brennstoffes und der Luft nur im Arbeitszylinder, so daß das Gas ebenso wie die Luft nur mit Niederdruck von $1/3$ bis $1/4$ at in den Arbeitszylinder einzuströmen brauchten. Dadurch war der große und zum größten Teil als Verlust zu rechnende Überdruck von 2 bis 3 at zwischen Gaspumpe und Arbeitszylinder vermieden. Er wäre im vorliegenden Fall um so unwirtschaftlicher gewesen, als das Hochofengas nur etwa $1/5$ der Heizkraft des bis dahin verwendeten Steinkohlengases besaß. Für Hochofengas hätte also die Gaspumpe für denselben Heizwert eine fünffach höhere Menge von Gas überdrücken müssen. Dieses Ziel der Herabminderung des Druckes für eine fünffach größere Gasmenge von 10 bis 12 at auf $1/2$ at, konnte aber nur durch Einführung des Brennstoffes während der Totpunktlage erfolgen, wo noch kein Gegendruck im Arbeitszylinder vorhanden war. Es wurde zu diesem Zwecke ein zweiter Kanalkranz im Arbeitszylinder für den Gaseinlaß ohne Ventil unmittelbar hinter den Lufteinströmungsöffnungen an-

---

[1]) Beiträge zur Frage der Kraftgasverwertung, Stahl u. Eisen 1900, Nr. 21.

geordnet, so daß die neue Maschine statt zwei, drei Kanalkränze, davon einen wie immer für den Auspuff, besaß. Der Gaseinlaß konnte aber ebenso wie die Luftdurchspülung durch die Kolben der Maschine mit gesteuert werden und das besonders gesteuerte Gaseinlaßventil kam in Fortfall. Die Ladung und Arbeitsweise war sonach eine von dem älteren Typus grundsätzlich verschiedene (Fig. 22).

Infolge des jetzt zur Ladung nur noch nötigen geringen Gasdruckes kam beim Überdrücken des Gases aus der Pumpe nach dem Arbeitszylinder auch bei einer größeren Entfernung beider kein irgendwie wesentlicher Spannungsabfall — der früher 2 bis 3 at betrug — mehr in Frage. Dadurch war die konstruktive Freiheit gewonnen, die Niederdruckgaspumpe ebenso wie die Niederdruckluftpumpe weiter ab vom Arbeitszylinder zu legen. Damit fiel ferner das für größere Maschinen sich immer schwieriger gestaltende sogenannte „Dreizylinderstück" fort. Ja, die Luft- und Gaspumpen konnten bei einer großen Kraftzentrale für jede einzelne Maschine ganz in Fortfall kommen, indem die Luftspeisung aus der großen Hochofengebläseleitung und die Gaszuführung von einer zentralen Gasverteilung für mehrere Maschinen zusammen geschehen konnte. Ersteres wurde in Hörde auch ausgeführt, während eine nähere Überlegung für eine zentrale Gasversorgung mehrerer Maschinen allerlei Schwierigkeiten in ihrer Einzelregulierung erkennen ließ. Immerhin konnte nun die Niederdruckgaspumpe in Tandemanordnung hinter oder seitwärts unter den Arbeitszylinder gelegt werden, so daß die ganze Maschine einen viel einfacheren Aufbau erhielt. Schließlich war die neue Maschine durch Beseitigung des getrennten Gaseinlaßventils eine für den eigentlichen Kompressions- und Verbrennungsvorgang völlig ventillose Maschine geworden. Später, als man eingesehen hatte, daß die Abhängigkeit von den Hochofengebläseleitungen für den Betrieb unvorteilhaft war, legte man für jede Maschine eine besondere Luftpumpe in die Nähe des Arbeitszylinders.

Auf alle Fälle aber ergibt sich schon aus diesen Andeutungen, daß für die 600pferdige Zwillingsmaschine mit ihrer veränderten Arbeitsweise eine Neukonstruktion erforderlich war, wenn auch natürlich aus der älteren sehr wertvolle Erfahrungen in der äußern Gestaltung der Steuerung und Kraftübertragung der beiden Kolben auf die dreifach gekröpfte Welle verwertet wurden. Aber auch abgesehen von den grundlegenden Änderungen der neuen Hördermaschinen war einzig und allein schon die verlangte Vergrößerung der Leistung des Arbeitszylinders von 180 auf 300 PS ein Problem und ein Risiko für sich. Denn bisher hatte die Oechelhaeuser & Junkerssche Maschine trotz eines Umbaus nicht einmal von 180 auf die nominelle Leistung von 200 PS für den Dauerbetrieb gesteigert werden können, während gleich die erste Hörder Zwillingsmaschine in jedem Zylinder statt 300 nom. 340 effekt. PS erreichte. Außerdem wurde bei dieser ersten Maschine eine neue besonders schwierige Aufgabe gestellt und auch gelöst: sie sollte eine Wechselstromdynamo in Parallelbetrieb mit Dampfmaschinen betreiben! Das erforderte einen so hohen Gleichförmigkeitsgrad, wie er bisher nur von der allerbesten Dampfmaschine erreicht war. Dadurch war auch die Zwillingsanordnung geboten, die wiederum neue Aufgaben für die gemeinsame Regulierung stellte. Denn keine noch so große Einzylindermaschine der Welt hätte die erforderliche Gleichförmigkeit leisten können. Es handelte sich also bei diesem Zwilling nicht etwa nur um eine Kraftaddierung von 300 + 300 PS, sondern überhaupt um einen neuen Zwillingsorganismus. Seine späteren Ausführungen, bei denen die gesamten Schwungmaße in das Schwungrad der Dynamomaschine verlegt wurden, ergaben Ungleichförmigkeitsgrade von nur 1 : 350 und weniger. Das wurde auch von allen Kritikern stets ganz besonders anerkannt und hervorgehoben. Dazu kam, daß für diese Neukonstruktion mit der bis dahin unbekannten Maschinengröße von 600 PS noch nicht die kleinste Versuchsmaschine vorlag! Nur die große Sachkunde und das hierauf gegründete weite Entgegenkommen des damaligen Generaldirektors Tull und seines Ingenieurstabes, der Herren Michler und van Vlothen in Hörde, ließen die Anfangsschwierigkeiten verhältnismäßig schnell überwinden.

In dem vorhin schon genannten Vortrage des Herrn A. Wagener heißt es in Beziehung auf diese Gesamtlage: „Die Erbauung einer Gasmaschine, die hinsichtlich ihrer Größe zur damaligen Zeit alle anderen Ausführungen hinter sich zurückließ,

Fig. 23. 600pferd. Gasdynamo (erste Großgasmaschine), in Betrieb gesetzt am 12. Mai 1898 im Hörder Bergwerks- und Hüttenverein.
(Oechelhaeuser-Maschine erbaut von der B. A. M. A. G. zu Dessau.)

die mit einem neuen Brennstoff gespeist werden sollte, die in ihrer grundsätzlichen Einrichtung eine ganze Reihe von bisher praktisch noch unerprobt gebliebenen Neuerungen aufwies, und die unmittelbar nach ihrer Herstellung ohne auf dem heimischen Probierplatze auch nur eine einzige Umdrehung gemacht zu haben, in dem Maschinenhaus des Werkes, das sie bestellt hatte, aufs Fundament gesetzt wurde, dies Unternehmen bedeutete ein Wagnis, dessen Tragweite allen Beteiligten in ihrem ganzen Umfange vor Augen stand, das aber seine Berechtigung hatte und wohl eine mutige Tat genannt werden darf im Hinblick auf seine höhere Bedeutung, bahnbrechend mitzuarbeiten bei der Erschließung eines neuen, unserem wirtschaftlichen Leben reiche Erträge verheißenden Arbeitsfeldes."

Und während andere bald darauf in Konkurrenz tretende Systeme längst aus der Praxis verschwunden sind, konnten die drei ersten in Hörde zur Aufstellung gelangten 600pferdigen Zwillingsmaschinen bis zum Januar und Juni 1910, also 12 bzw. 10 Jahre lang im Betrieb gehalten werden. Daß sie allmählich den inzwischen wesentlich größer und ökonomischer gebauten Großgasmaschinen weichen mußten, versteht sich von selbst. Auch kam es aus demselben Grunde nicht zur Bestellung der im ursprünglichen Vertrage vorgesehenen vierten Maschine. Die Fig. 23 und 24 stellen die beiden ersten Hörder Maschinen dar.

Werfen wir nun noch einen kurzen historischen Rückblick auf die Größe der Maschineneinheiten, die früher und in anderen Ländern zur Verfügung standen. Ein gründlicher Kenner der hier in Betracht kommenden Verhältnisse, F. W. Lürmann, von dem in erster Linie in Deutschland der Gedanke und die Propaganda für die direkte Verbrennung der Hochofengase in den Maschinen ausging, sagte am 27. Februar 1898 auf der Hauptversammlung des Vereins deutscher Eisenhüttenleute: „Mit der Gasleistung in einem Zylinder geht man bis jetzt nicht gern über 100 PS hinaus, weil sich dem Betriebe größerer Maschinen erhebliche Schwierigkeiten entgegenstellen. Es handelt sich aber im Eisenhüttenwesen nicht um Maschinen von 100 PS, sondern um Maschinen, welche x mal 100 PS entwickeln können."

Wenige Wochen darauf (12. Mai) lief bereits der erste Hörder Motor mit „dreimal" hundert effektiven Pferdestärken in einem Zylinder, und „sechsmal" hundert in der Zwillingsmaschine. Die Größenentwicklung der Gasmaschine ist in der hier folgenden Tabelle dargestellt und schließt sich hieran ein Überblick über die damaligen größten Leistungen der Gasmaschinen auf den Hüttenwerken Deutschlands.

Fig. 24. Zweite Hörder Gasdynamo von 600 PS. (System Oechelhaeuser.)

Entwicklung der Hochofengasmaschinen.
(Zusammenstellung von W. v. Oechelhaeuser.)

Effekt. PS	Datum der Inbetriebsetzung	Bauart	Aufstellungsort	Erbauer
12[1]	Februar 1895	Otto	Wishow bei Glasgow	Thwaite-Gardener
12	12. Okt. 1895	Otto	Hörde	Deutzer Motorenfabrik
8[2]	20. Dez. 1895	Delamare-Deboutteville	Seraing	Société John Cockerill
120[3]	1. Juli 1896	Oechelhaeuser und Junkers	Hörde	Berl.-Anh. Masch. Akt. Ges.
180 bis 200[4]	11. April 1898	Delamare-Deboutteville	Seraing	Société John Cockerill
600 (2 Zyl.)[5]	12. Mai 1898	Oechelhaeuser	Hörde	Berl.-Anh. Masch. Akt. Ges.

F. W. Lürmann-Osnabrück berichtete am 23. April 1899 auf der Hauptversammlung des Vereins deutscher Eisenhüttenleute in Düsseldorf[6]:

„Ich habe Anfang Dezember 1898 die 180 pferdige Gasmaschine in Seraing im Betriebe gesehen.

Es sind in Deutschland im Betriebe:

1. Eine Zwillings-Gasmaschine von 600 PS beim Hörder Bergwerks- und Hüttenverein in Hörde, gebaut nach dem Patent Oechelhaeuser von der Berl.-Anh. Akt.-Ges. in Dessau.
2. Zwei Zwillingsmaschinen von 200 PS und zwei ebensolche von 300 PS bei der Oberschlesischen Eisenbahnbedarfs-Akt.-Ges. in Friedenshütte bei Morgenroth. Diese sind von der Gasmotorenfabrik Deutz in Köln-Deutz nach ihrem System, also als Viertaktmaschinen ausgeführt.
3. Eine einzylindrige Deutzer Maschine von 60 PS bei der Gutehoffnungshütte in Oberhausen.
4. Eine Ottomaschine von 60 PS bei den Differdinger Hochofenwerken in Differdingen, geliefert von der Berl.-Anh. Masch.-Akt.-Ges. in Dessau.
5. Eine Maschine von 150 indiz. PS bei den Hochöfen der Gesellschaft Phönix in Bergeborbeck. Viertaktsystem, erbaut von den H. H. Hartley u. Petyt in Bingley, England.
6. Gebr. Körting haben eine nach anderen Grundprinzipien konstruierte 500 PS-Maschine im Bau, die demnächst in Betrieb kommen wird."

Natürlich wird man in Entscheidung der Frage: welche Maschinengröße im Gasmaschinenbau zuerst als Großgasmaschine angesprochen werden darf, verschiedener Ansicht sein können. Meines Erachtens dürfte der objektivste Maßstab zu ihrer Beantwortung der sein, daß man sie in der Form präzisiert: welche Gasmaschine zuerst mit Erfolg als Maschineneinheit in einem Großbetrieb dauernd — also nicht bloß als Versuchsmaschine in der eigenen Fabrik —

---

[1] Vgl. Stahl u. Eisen 1898, S. 499.
[2] Vgl. Aimé Witz, Traité des Moteurs à Gaz 1899, Tome III, S. 76.
[3] Journal für Gasbeleuchtung 1896, 12. Sept., S. 611.
[4] Vgl. Aimé Witz, Traité des Moteurs à Gaz 1904, Tome II, S. 620.
[5] Vgl. Journal für Gasbeleuchtung 1899, 12. Februar, S. 138.
[6] Vgl. Stahl u. Eisen 1899, S. 474.

in Betrieb kam und in Betrieb blieb. Und diesen Maßstab glaubte ich der vorstehenden historischen Zusammenstellung zugrunde legen zu dürfen[1]).

Wie erklärt es sich nun, daß die Hörder Maschine trotz des angedeuteten Zeitrekords in Größe, Gleichförmigkeit und Regulierfähigkeit viel weniger Aufsehen in der technischen Welt der damaligen Zeit machte, als die $1\frac{1}{2}$ Jahre später in Seraing auf den eigenen Werken der Firma Cockerill in Betrieb gesetzte Maschine von 600 PS, zu der die Sachverständigen aller Nationen eingeladen wurden? Der Erklärungsgrund dürfte wohl der sein: die Hörder Maschine mußte wie das Veilchen im verborgenen blühen, da die Geheimhaltung dieses ersten Erfolges der Verwendung der Hochofengase in Großgasmaschinen im Interesse und der ausgesprochenen festen Absicht des Hörder Bergwerks- und Hüttenvereins lag. Dieser hatte das große Risiko — die Bestellung von 4 solcher Maschinen — gewagt und suchte nun begreiflicherweise auch den Vorsprung, der in einer viel ökonomischeren Verwendung der Hochofengase lag, für sich auszunutzen. Denn die theoretische Berechnung ergab schon damals daß auf jede Tonne Roheisen, die täglich erzeugt wurde, ein jährlicher Mehrgewinn von 2160 M. kam. Daß aber dieser Vorsprung andererseits von den Fabrikanten meiner Maschine nicht genügend ausgenutzt wurde, lag leider daran, daß die sonst vortrefflich organisierte Bamag für das Gebiet des Großmaschinenbaus nicht das Kapital, die technischen Einrichtungen, die Erfahrung und Organisation besaß, um den Bau solcher Maschinen nun auch im großen Stil und schnell durchzuführen. Und es geschah auf Veranlassung dieser Firma selbst, daß sich aus den Firmen Union Elektrizitäts-Gesellschaft (Löwe) und Siemens & Halske die „Deutsche Kraftgas-Gesellschaft m. b. H." bildete, die meine sämtlichen Patente erwarb und meine Großgasmaschine als „Oechelhaeusermotor" abstempelte.

Die neue Gesellschaft erließ am 16. September 1899 ein Zirkular, in dem sie die Ausnutzung jeglicher Kraftgase und prinzipiell der Hochofengichtgase zu motorischer und sonstiger Verwendung als ihre Aufgabe bezeichnete. „Insonderheit wird die Gesellschaft", wie es hieß, „ihre Tätigkeit der Umwandlung der Kraftgase in elektrische Energie unter Errichtung von elektrischen Zentralen zum Zwecke ökonomischer Kraftgewinnung und Ausnutzung an den einzelnen Verwendungsstellen auf Hüttenwerken widmen." Es war also eine Unternehmung, die leider nicht selbst Großgasmaschinen baute, sondern nur Lizenzen erteilte, und zwar nur in Verbindung mit elektrischen Lieferungen der beiden teilhabenden Firmen, was für die allgemeine und schnelle Verbreitung meiner Maschine gerade in der günstigsten, fast konkurrenzlosen ersten Zeit ein großes Hemmnis war. Gleichwohl bin ich dieser Gesellschaft und den hervorragenden Firmen, die sie stützten, für die große Energie, die sie für die Verbreitung meines Maschinensystems entwickelten, insbesondere auch dem damaligen Direktor, Herrn Plüschke, und seinen Oberingenieuren, meinem alten Mitarbeiter, Herrn A. Wagener, und Herrn Friedrich Klönne (jetzt Direktor der Friedrich-Alfred-Werke von Krupp) sehr zu Danke verpflichtet.

Den Bau der Maschinen nahmen mehrere erste Firmen in die Hand und es waren insbesondere die Firmen C. Borsig und die Aschersleber Maschinenbau-

---

[1]) Die Priorität der ersten Großgasmaschine überhaupt wurde für mein System nicht nur für Deutschland, sondern auch für das Ausland von ersten Autoritäten anerkannt. Professor Eugen Meyer erklärte dies 1904 auf der Hauptversammlung des Vereins deutscher Eisenhüttenleute in Düsseldorf. Professor Riedler behandelte diese Frage eingehend und in gleichem Sinne in seinem Werke „Großgasmaschinen" 1905, S. 180. In einer besonderen Anlage 2 zu diesem Vortrage erlaube ich mir noch einiges Material hierüber aus der Literatur beizubringen.

Aktien-Gesellschaft in Deutschland, sowie die in England sehr angesehene Firma Beardmore & Co. in Glasgow, die eine große Zahl ausgezeichneter Maschinen lieferten. Einige Modelle solcher Maschinen zeigen die Fig. 25, 26 und 27.

Fig. 25. 500pferd. Gebläsemaschine der Ilseder Hütte.
(Oechelhaeuser-Maschine von A. Borsig.)

Fig. 26. 1000pferd. Gasdynamo der Kraftzentrale der Ilseder Hütte.
(Oechelhaeuser-Maschine der Walchener Maschinen-A.-G.)

Leider gestaltete sich vielfach die Inbetriebsetzung der Maschinen aus dem Grunde schwierig, weil man sich anfangs die Konstruktionsfreiheit, die die neue Maschine im Gegensatz zur Oechelhaeuser- und Junkers-Maschine gewährt hatte, nämlich die Gas- und Luftpumpen weiter ab vom Arbeitszylinder zu legen, zu sehr zunutze gemacht hatte. Auf den so entstandenen verhältnismäßig langen

Leitungswegen traten ganz unvorherzusehende Schwingungen in den Luft- und Gaszuführungsleitungen ein, welche die Ladeverhältnisse und ihre Regulierung mitunter schwer kontrollierbar machten, zum mindesten aber erst ein längeres Ausprobieren erforderten. Diese erst allmählich erkannten Fehler vermied in vorbildlicher Weise gerade die größte Maschine, welche überhaupt nach meinem System erbaut wurde: die einzylindrige 1800 pferdige Maschine von A. Borsig, s. die Fig. 28 bis 31.

Bei der Borsigmaschine war man, wie schon früher bei anderen Ausführungen meines Systems, zur Geradführung des vorderen Kolbens zurückgekehrt, hatte also die Plungerkolben-Anordnung aufgegeben, die niemals wesentlich für meine Maschine war, so daß neuere Kritiker hierin längst überholt sind. Die Regulierung dieser größten Maschine arbeitet, wie die Praxis unter schwierigen Verhältnissen bestätigt hat, in einfacher und zuverlässiger Weise: indem die Ladung von Gas und Luft getrennt und die Regulierung beider durch Betätigung getrennter, in die Gas- und Luftdruckleitung eingebauter Rücklaufventile statt-

Fig. 27. 1000 pferd. Oechelhaeuser-Maschine der Alpinen Montan-Gesellschaft in Donawitz (Steiermark).

findet. **Die Gas- und Luftsammler sind hierbei unmittelbar an die betreffenden Pumpen angeschlossen und dadurch alle Schwingungen in Verbindungsröhren vermieden.** Die Maschine wurde im Jahre 1906 von C. Borsig an meine englische Lizenzträgerin, die schon genannte Firma William Beardmore & Co. in Glasgow, verkauft, und als ich Anfang dieses Jahres[1]) — also nach 8 Jahren — über ihren Betrieb und ihre Resultate Erkundigungen einzog, schrieb mir die Firma (unterm 23. Februar d. J.), es freue sie, mitteilen zu können, daß die große 1800 pferd. Maschine von Borsig noch Tag und Nacht in einem Blechwalzwerk arbeite. Die Belastungen und Geschwindigkeiten seien indes so verschieden, daß sie deshalb niemals irgendwelche Wirkungsgrade oder Resultate hätte veröffentlichen können.

Ebenso günstige oder noch günstigere Urteile erster deutscher Hüttendirektoren und bekannter Konstrukteure über langjährige Erfahrungen mit meinen Maschinen bis in die allerneueste Zeit hinein würde ich auch über andere Borsigmaschinen sowie über die großen Maschinen der Ascherslebener Maschinenbau-Aktiengesellschaft

---

[1]) 1914.

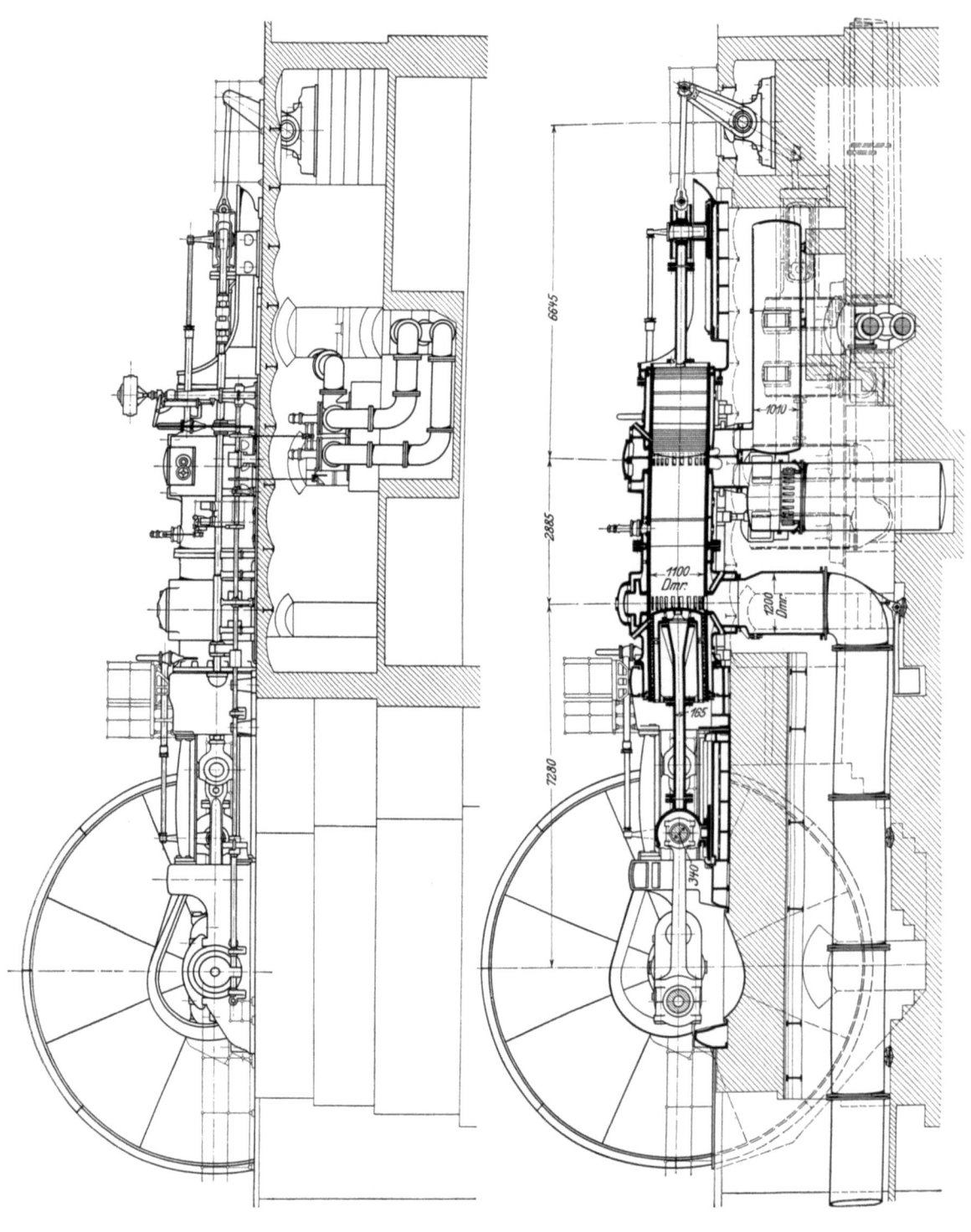

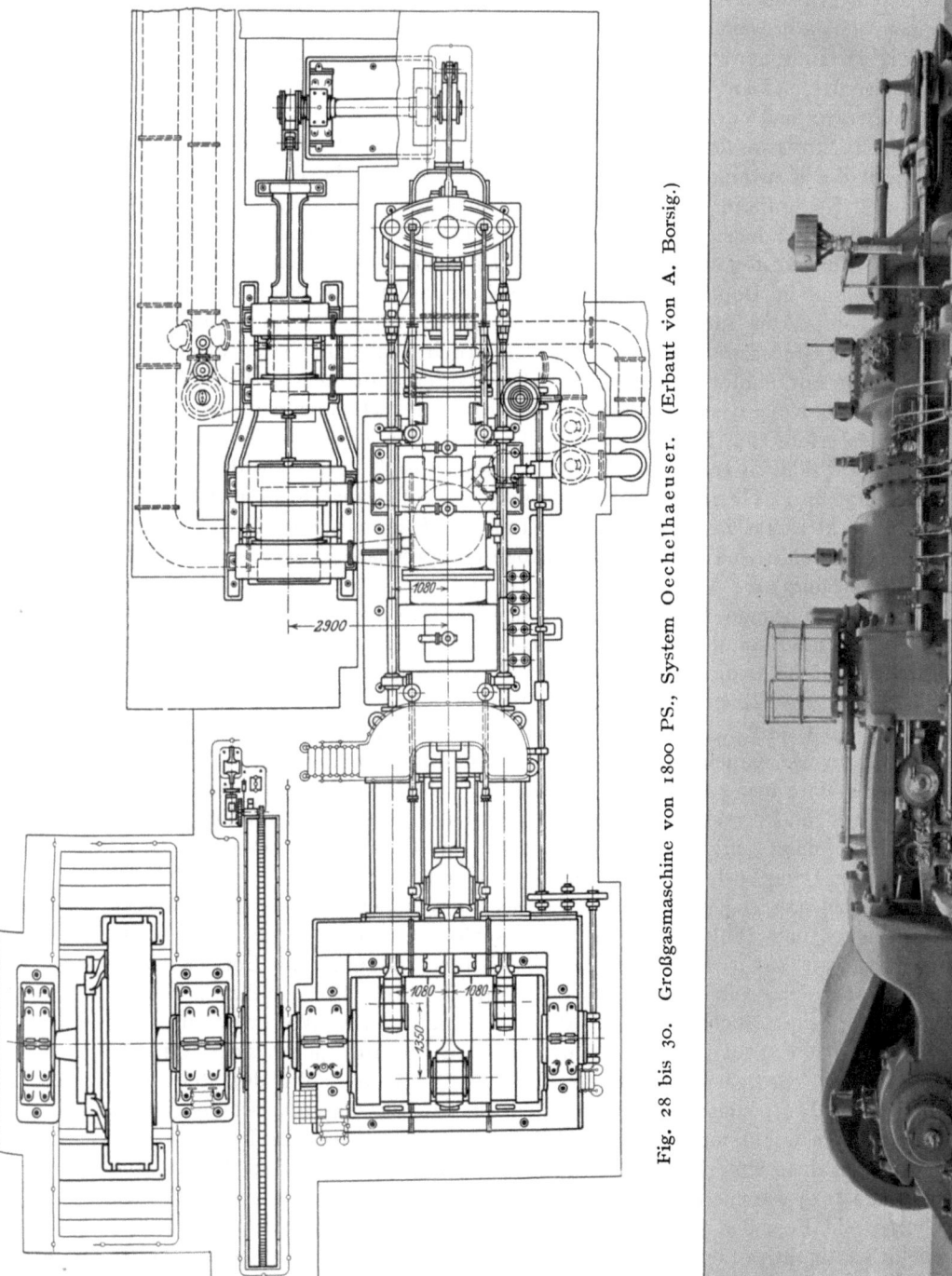

Fig. 28 bis 30. Großgasmaschine von 1800 PS., System Oechelhaeuser. (Erbaut von A. Borsig.)

Fig. 31. Großgasmaschine von 1800 PS., System Oechelhaeuser. (Erbaut von A. Borsig.)

bekanntgeben können, wenn es sich geziemte, sie in den Rahmen einer solchen Veröffentlichung aufzunehmen. Selbst ihre bloße Andeutung geschah nur, um nachzuweisen, daß die inzwischen erfolgte Aufgabe des Baus meiner Maschinen gerade zu der Zeit als ihre beste Ausbildung alle technischen, mechanischen und wärmetheoretischen Vorzüge verwirklichte, welche die früheren Prospekte der Lizenzträger und Verfechter meiner Maschine in der Literatur vertreten hatten, daß dieser Rücktritt aus der Arena auf anderen und ganz besonderen Ursachen beruhte.

Soweit die Konstruktion dabei in Frage kommt, lag die Ursache in der Gewichts- und Kostenfrage. Die neueren, der Dampfmaschine wieder angenäherten und in großem Stil durchgeführten und propagierten Großgasmaschinen waren in den Anschaffungskosten wesentlich billiger. Die beiden bedeutenden Firmen, die meine Maschine in Deutschland bauten, wollten angesichts der damals niedergehenden Konjunktur und einer bis an die Grenze des Verlustes gesteigerten Konkurrenz in Großgasmaschinen, sowie namentlich angesichts des scharfen Wettbewerbes der mit immer größeren Betriebseinheiten auftretenden Dampfturbine die erheblichen Kosten nicht daran wenden, die eine rationelle neuzeitliche Umkonstruktion erforderte. Dazu kam, daß die Deutsche Kraftgas-Gesellschaft allmählich in Liquidation trat, nachdem sich herausgestellt hatte, daß ihr ursprüngliches Programm der General-Entreprise von Großgasmaschinen mit Dynamos und allem elektrischen Zubehör für beide Teile ein Hemmnis und daß ein solches reines Syndikat ohne eine eigene, seiner Größe entsprechenden Spezialfabrik nicht länger lebensfähig war.

Endlich nahm mein Hauptamt, die alleinige Leitung einer Gesellschaft mit einem investierten Kapital von ca. 65 Millionen Mark meine Zeit und meine Arbeitskraft so vollauf in Anspruch, daß ich für die bisherige, so interessante Nebenbeschäftigung keine Zeit mehr erübrigen konnte. Ich mußte mich deshalb mit dem Gedanken trösten: „Ein jedes Ding hat seine Zeit und seine Wechsel!" (Eckermann). Denn wie schnell folgen in unserer unaufhaltsam fortschreitenden Zeit selbst ganze Maschinengattungen aufeinander, geschweige denn verschiedene Systeme einer und derselben Gattung. Innerhalb weniger Dezennien folgten auf die Dampfmaschinen: Gasmotoren, Luftdruckmotoren, Elektromotoren, Großgasmaschinen, Dampfturbinen und neuerdings Ölmaschinen!

Gleichwohl gab ich, wie schon früher als die Versuche mit der 180 pferdigen Oechelhaeuser- und Junkers-Maschine abgeschlossen waren, auch jetzt, trotz aller entgegenstehenden Hindernisse, die Weiterverfolgung des Doppelkolben-Zweitaktsystems mit selbststeuernden Kolben nicht auf. Mit dem inzwischen an der neuen Danziger Hochschule zum Professor ernannten A. Wagener und dem Ingenieur Herrn C. Steinbecker kam ich auf meine alte Lieblingsidee zurück: eine stehende Großgasmaschine auszubilden. Denn die Form der stehenden Doppelkolben-Dampfmaschine, die ich schon aus Dinglers polytechnischem Journal vorher erwähnte, war für mich das Vorbild dieses ganzen Konstruktions-Typs gewesen.

Nachdem mein alter Freund Wagener als Rektor der Danziger Hochschule am 30. Juni 1913 verschieden war — tief betrauert von mir und seinen zahlreichen Verehrern und Freunden —, da war es Herr Ingenieur Steinbecker, dem eine originelle konstruktive Lösung der stehenden Form des Doppelkolbenzweitakts gelang. Sie fand die ernsteste Beachtung angesehener Fabriken von Großgasmaschinen. Allein Dampfturbine und Ölgroßgasmaschine beherrschten damals schon zu sehr das Zukunftsbild.

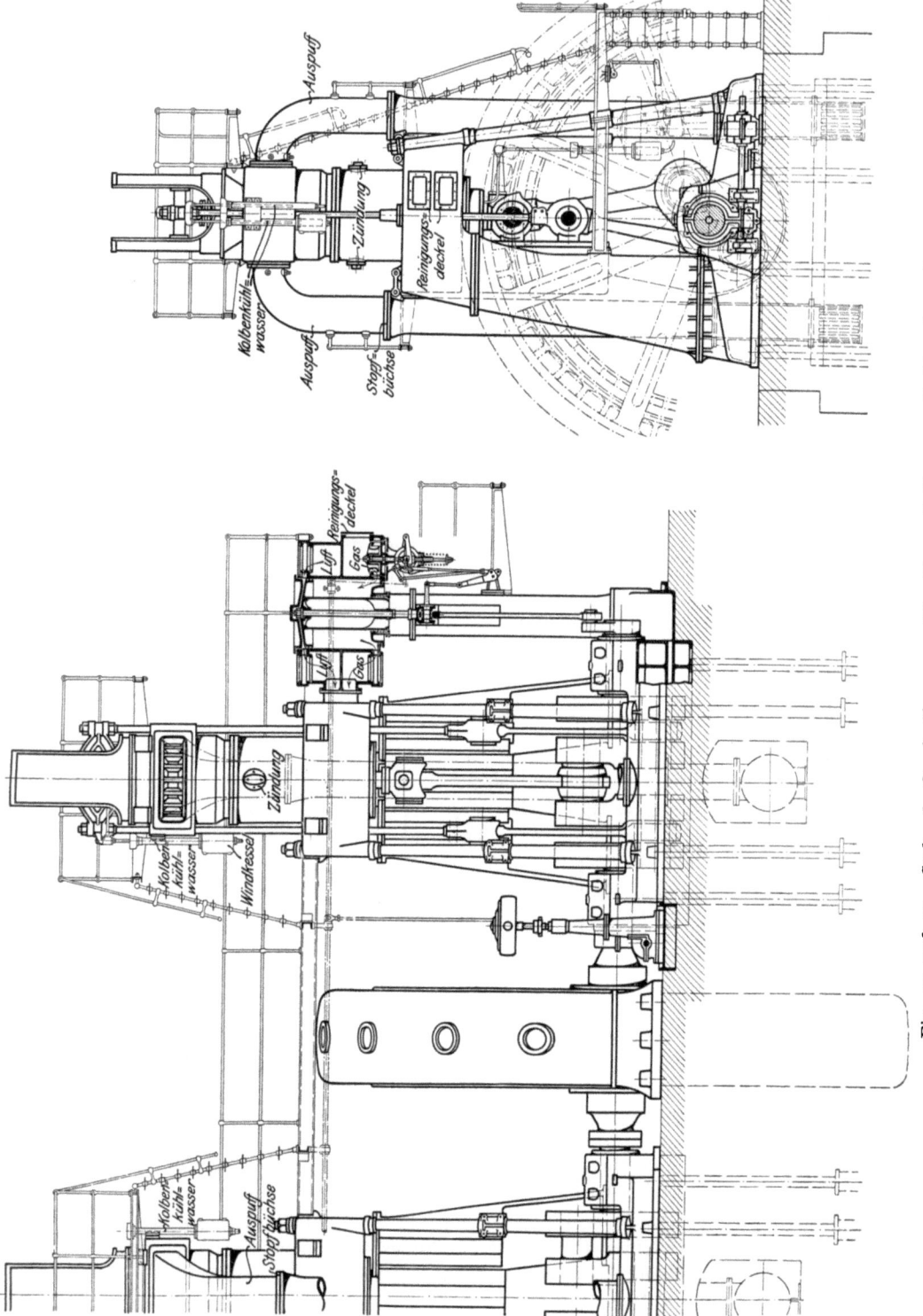

Fig. 32 und 33. Stehende Oechelhaeuser-Maschine mit Dynamo direkt gekuppelt.

In den Fig. 32, 33 und 34 ist diese 1000 pferdige einzylindrige stehende Maschine mit Drehstromdynamos und mit Gebläse dargestellt. Durch eine sinnreiche Neukonstruktion ist die Maschine im Aufbau wesentlich verkürzt und dabei doch noch die Kreuzkopfführung des unteren Arbeitskolbens beibehalten.

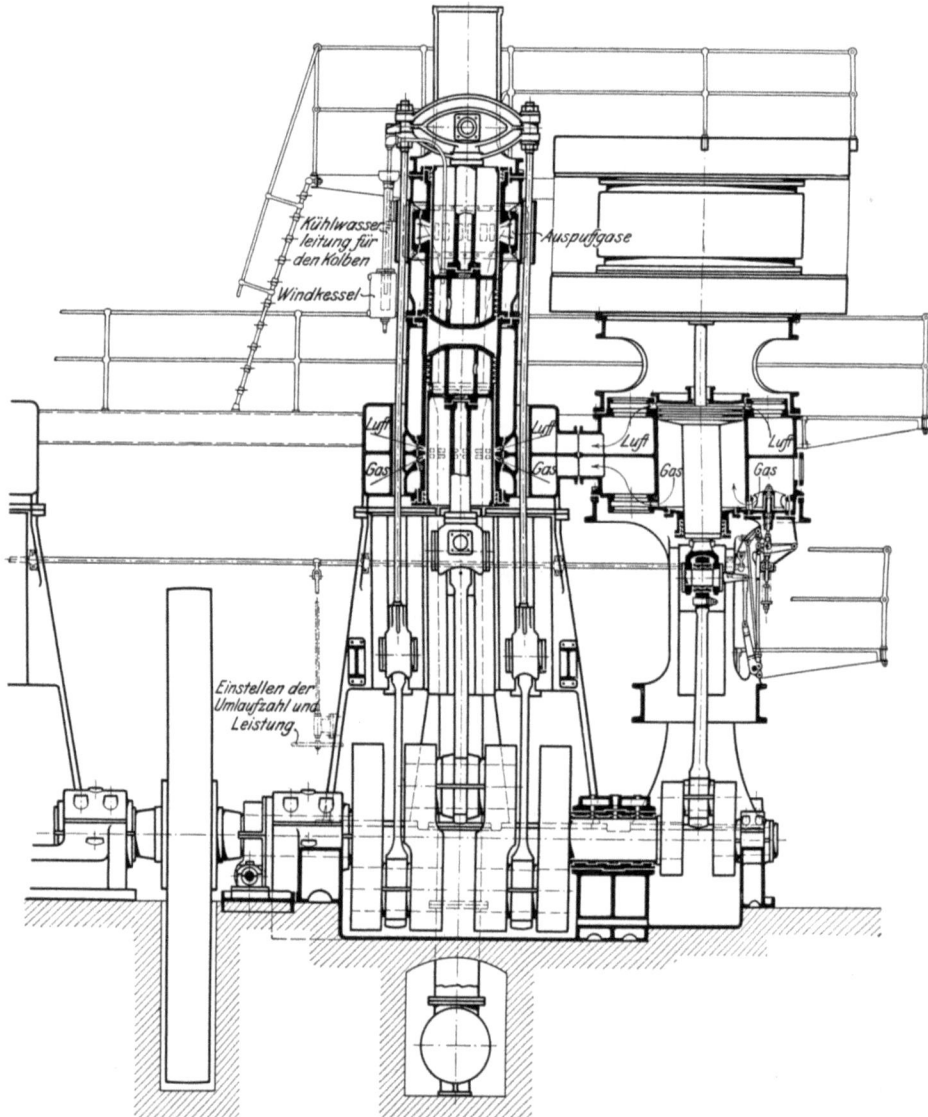

Fig. 34. Stehende Oechelhaeuser-Maschine mit Gebläse gekuppelt. Zwillingsanordnung.

Vielleicht eignet sich diese stehende Form auch für Groß-Ölmaschinen!

Diese Worte hatte ich längst die Schreibmaschine passieren lassen, als mir die bis dahin noch unbekannte A. E. G.-Zeitung (die März-Nummer d. J.) zugeschickt wurde, in der ich zu meiner Freude als das Neueste auf dem Gebiet — und zwar zunächst der Klein-Ölmaschinen — eine stehende Zweitakt-Doppelkolbenmaschine mit selbststeuernden Kolben erblickte. Gerade die vielfach angegriffenen und doch so gut bewährten Konstruktionseinzelheiten der Oechelhaeuser- und Junkers-Maschine kehren hier wieder: z. B. das obere Querhaupt mit den Seitenstangen und der dreifach gekröpften Welle — ja, man hat sogar für diesen kleinen Schnellläufer mit Recht die unteren Plungerkolben wieder eingeführt.

Ein solches zweizylindriges Modell in kompendiöser Weise direkt mit einer Dynamomaschine gekuppelt entwickelt 60 bis 150 Kw. (Fig. 35).

Ich zweifle nicht daran, daß, wenn, wie der Prospekt andeutete, demnächst größere stehende Ölmaschinen von 200 Kw Größe ab erscheinen werden, sich dann alle Vorzüge der Zweitakt-Kolbenmaschine mit Schlitzkränzen in neuer Auflage erfüllen.

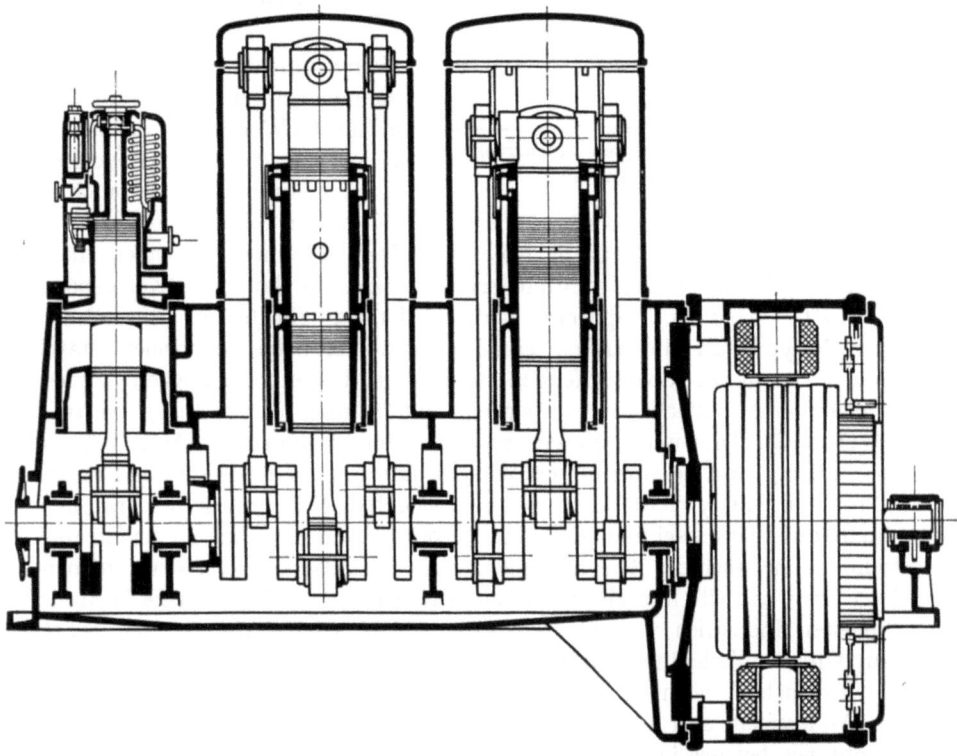

Fig. 35. Klein-Ölmaschine der A. E.-G. (Zweitakt-Doppelkolbenmaschine.)

Die Maschine arbeitet nach dem Diesel-Verfahren, also mit Öleinspritzung im Totpunkt. Und wenn man die Diagramme bei schwacher Belastung mit ihrer fast momentan erscheinenden Einspritzung ansieht, so wird man unwillkürlich an die ersten Gaseinspritzungsversuche in meinem Verbrennungsappart vom Jahre 1887 erinnert. Auch kehrte mir dabei in das Gedächtnis zurück, daß Diesel mir vor einigen Jahren einmal sagte, er habe bei Nachsuchung seines ersten Hauptpatentes die größten Schwierigkeiten beim Patentamt dadurch gehabt, daß er seine Ansprüche gegen mein wesentlich früher angemeldetes Einspritzverfahren hätte abgrenzen müssen. Mir war davon auf offiziell patentrechtlichem Wege nichts bekannt geworden.

Und selbst das wesentliche Merkmal des Diesel-Motors: die Selbstzündung durch hohe Kompression, sie war bei meinen Versuchen mit Hugo Junkers ganz ohne unsere Absicht, zufällig zu der Zeit schon erreicht, als wir in der schon anfangs erwähnten Hochdruckgasmaschine, in unserer „Kanone", mit so hohen Kompressionen arbeiteten. Denn diese Maschine lief damals auch ohne Induktionsfunken mit Selbstzündung — durch die hohe Vorkompression — arbeitsverrichtend und ohne die geringsten Stöße oder Zerstörungen weiter. Vgl. das Diagramm Fig. 36. Das Diagramm ist vom 31. August 1891, also zwei Jahre älter als die erste Selbstzündung in einem Dieselmotor (10. August 1893)[1]). So nahe führte also die Praxis zwei von ganz verschiedenen theoretischen Grundlagen ausgegangene Versuche[2]). —

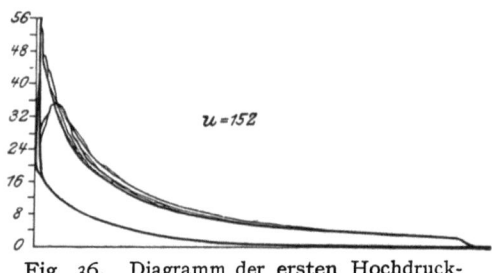

Fig. 36. Diagramm der ersten Hochdruckgasmaschine (der „Kanone").

Wenn ich im Verlaufe dieses kleinen geschichtlichen Rückblicks meinen verdienstvollen Mitarbeitern in kurzen Worten gerecht zu werden versuchte, so darf ich schließlich einen Hauptmitarbeiter nicht vergessen, der mir von Anfang an bis zu Ende getreulich zur Seite gestanden hat: die Wissenschaft. Daß ich stets die innigste Fühlung mit ihren führenden Männern auf diesem Gebiete hielt, deutete schon meine fortlaufende Korrespondenz mit Adolf Slaby an. Spätere Korrespondenzen führte ich mit Professor Eugen Meyer, der die ersten grundlegenden Versuche an meiner Maschine mit einer kaum zu übertreffenden wissenschaftlichen Genauigkeit angestellt hat, ferner eine vielfache Korrespondenz mit Aimé Witz (Lille), Schröter, Schöttler, Güldner und anderen hervorragenden Fachleuten. Aber trotz dieser Hochschätzung und Verehrung der Wissenschaft fand ich aus meiner Erfahrung, daß Professor Slaby recht hatte, wenn er sich lediglich darauf beschränkte, die vorhandenen Gasmaschinen und ihre Theorie wissenschaftlich zu prüfen und zu vertiefen, ohne aber der Gasmaschinenindustrie selbst als Wegweiser dienen zu wollen. Denn es bleibt nun einmal die alte Erfahrung bestehen, daß die Fortschritte der meisten Industrien von einer so großen Zahl wirtschaftlicher und sonstiger konkurrierender Verhältnisse abhängen, wie sie eine rein theoretisch-wissenschaftliche Untersuchung niemals umfassend genug voraussetzen und in Rechnung ziehen kann. Andererseits aber gibt es tatsächlich nur höchst selten noch einen Fortschritt, der nicht wie bei uns in Deutschland Hand in Hand mit der Wissenschaft gelingt, und nicht oft wird man in der Geschichte der modernen Industrie ein so erfolgreiches Zusammenarbeiten, ein solches gegenseitiges Sichdurchdringen und Befruchten von Wissenschaft und Praxis feststellen können, als in der Entwicklung des Kleingasmotors zur Großgasmaschine!

---

[1]) Vgl. Rud. Diesel, „Entstehung des Diesel-Motors" S. 16.

[2]) Rudolf Diesel schrieb mir am 7. Januar 1893 auf Empfehlung von Professor Slaby und Ingenieur Venator einen interessanten Brief, indem er bei mir anfragte, ob ich geneigt wäre, behufs Verwertung seiner Patente in Unterhandlung mit ihm zu treten. Er besuchte mich bald darauf in Dessau. Glücklicherweise widerstand ich dieser Versuchung, denn ich ahnte damals schon, nach meinen eigenen Erfahrungen, die enormen Schwierigkeiten und Kosten, welche die Erfüllung dieses weit gesteckten Zieles mit sich brachte. Dafür genügten nur die Machtmittel eines Konsortiums Krupp-Augsburg-Nürnberg. Dazu kam, daß Diesel in dieser ersten Zeit die Verbrennung von Kohlenstaub in seiner Maschine noch in den Vordergrund rückte, was bei mir die größten Zweifel an der Ausführbarkeit erweckte.

Prüfe ich schließlich Anfang und Ende meiner Bestrebungen auf diesem Gebiete, so glaube ich hier kurz zusammenfassen zu dürfen, daß, als ich mich im Sommer 1886 zu selbständigen Versuchen auf einem mir bis dahin gänzlich fremden Gebiete entschloß, damals für die elektrische Zentrale in Dessau nur 60 pferdige Zwillingsmotoren mit je 30 Pferden Arbeitsleistung in einem Zylinder als größte Maschineneinheiten zur Verfügung standen. 12 Jahre darauf lief tatsächlich meine erste Großgasmaschine in Hörde mit der zehnfachen Zahl der Pferdestärken in einem Zylinder. Nach ferneren 8 Jahren leistete die Borsigmaschine 1800 PS in einem Zylinder also die 60fache Kraft[1]). Sie hält übrigens auch heute noch damit den Rekord der Leistung in einem Gasmaschinenzylinder, soweit mir die neuere Literatur darüber bekannt geworden ist[2]). Zirka 85 000 PS wurden von meinen Lizenzträgern in die Welt gesetzt, und zwar ca. 37 000 davon in Deutschland und ca. 48 000 in England, Spanien, Frankreich, Italien, Österreich-Ungarn und Rußland.

Und wenn ich mit meinen Ausführungen — entgegen der sonstigen Gepflogenheit — allzu persönlich erschienen bin, so möge es meine Entschuldigung sein, daß ich zum erstenmal seit 28 Jahren das Wort in dieser eigenen Sache ergreife, abgesehen von meiner Beteiligung an einer zufälligen kurzen Diskussion auf der 45. Hauptversammlung des Vereins deutscher Ingenieure in Frankfurt a. M. im Jahre 1904. Solange meine Gasmaschine noch im Konkurrenzkampfe stand, wollte ich, wie schon eingangs angedeutet, nicht pro domo sprechen, sondern erst die nötige Distanz für eine objektive Betrachtung zu gewinnen suchen. Auch war und blieb ja für mich die Beschäftigung mit der Großgasmaschine lediglich eine solche im „Nebenamte". Meine ursprünglichen Absichten hatten, wie es sich so oft in der Welt der wirtschaftlichen Technik ereignet, auf einem ganz anderen Gebiet geendet, als ich sie angesetzt hatte. Meinem Hauptberuf, der Steinkohlen-Gasindustrie, wollte ich zu einem neuen Aufstieg im Kraftgasabsatz verhelfen, und in der Eisen- und Hüttenindustrie bin ich gelandet! Daß ich aber gerade dadurch in die Lage kam, meinem Vaterlande volkswirtschaftlich vielleicht mehr zu nützen, als durch Großgasmaschinen für die Steinkohlengasindustrie, dürfte aus den sehr sorgfältigen Annahmen und Berechnungen hervorgehen, die F. W. Lürmann schon im Jahre 1899[3]) aufgestellt hat. Hiernach wäre schon damals der Gewinn, den Deutschland bei Verwendung der Hochofengase in Gasmaschinen an Stelle ihrer Verbrennung unter Dampfkesseln erzielte, ca. 3 Mark auf die Tonne

---

[1]) Wenn von Vertretern des doppeltwirkenden Viertakt-Systems die Behauptung aufgestellt worden ist, „daß die ersten Großgasmaschinen vor rund 14 Jahren von den bisherigen Gasmaschinenfirmen derart hergestellt wurden, daß die Abmessungen der bewährten Kleingasmaschine entsprechend vergrößert wurden, ohne Rücksicht auf die anderen Bedingungen, welche der Großgasmaschinenbau stellt", so hat die vorstehende Darstellung der Entwicklung meiner Großgasmaschine wohl zur Genüge offenkundig gemacht, daß diese Behauptung zum Mindesten auf meine Maschine nicht zutrifft. Denn die ursprünglich versuchte Benzsche Maschine wurde in Arbeitsweise und Konstruktion vollständig verlassen, und statt ihrer lediglich aus dem Zweck der Großgasmaschine heraus eine durchaus eigenartige neue Maschine entwickelt, die mit der Konstruktion keiner früheren Gasmaschine auch nur die geringste Ähnlichkeit hat, geschweige denn als eine Storchschnabel-Vergrößerung irgendeiner älteren Maschine gelten kann. Auch von der Zweitakt-Gasmaschine Körtings kann dies wahrheitsgemäß nicht behauptet werden.

[2]) In einer englischen Publikation der Firma Beardmore im Railway Journal vom 2. Juli 1904 heißt es: „For constant service the horse-power of this engine is 1500 average and 1800 maximum."

[3]) Stahl u. Eisen 1899, S. 485 ff.

Roheisen oder ca. 21 Millionen Mark für die gesamte Roheisenproduktion des Jahres 1898 (7,4 Millionen Tonnen) gewesen. Seit jener Zeit hat sich aber die Eisenproduktion auf 19,3 Millionen Tonnen (1913) erhöht, so daß man den entsprechenden Jahresgewinn Deutschlands nach jenen früheren Voraussetzungen auf ca. 58 Millionen Mark im Jahr veranschlagen darf.

Mag nun aber dieser jährliche Gewinn für den Reichtum unserer Nation größer oder kleiner sein und mein Anteil daran nur ein Differential bedeuten, so bleibt für mich auf alle Fälle die Erinnerung an diese hier nur in flüchtigen Umrissen angedeutete lange Kette von opferfreudigen Versuchen mit ihren Hoffnungen, Enttäuschungen und Erfüllungen eine der interessantesten Episoden meines Lebens! —

Ich blicke auf sie zurück in der Stimmung, die unser verehrtes Mitglied der Göttinger Vereinigung, Herr Geheimrat Voigt, neulich am Schlusse einer Monographie so schön mit den Worten kennzeichnete:

„Alle menschlichen Einrichtungen sind unvollkommen, und ihr tadelloses Funktionieren ist immer nur ein Glücksfall!"

Anlage 1.

Vorbemerkung zum Verständnis der Diagramme (vgl. a. S. 116, Fig. 6—12).

Das alte Verbrennungsverfahren — die Zündung nach der Mischung — ist auf den Diagrammen abgekürzt bezeichnet: „Ohne Ventil".

Das neue Verbrennungsverfahren — Zündung bei Einspritzung des Gases durch das Ventil — ist abgekürzt bezeichnet: „Mit Ventil".

Die Zündung ging bei den Versuchen in der Weise vor sich, daß bei der alten Methode die elektrische Zündung erst eingeschaltet wurde, nachdem durch das vorher stattgefundene Emporschnellen des Gasventils eine Mischung von Gas und Luft im Verbrennungsraum schon eingetreten war. Bei Anwendung von Platindraht verging dann immer einige Zeit, bis er die zum Zünden nötige Temperatur erlangt hatte. Bei Induktionsfunken trat diese Verzögerung nicht auf.

Bei der neuen Methode ließ man bei Anwendung von Platindraht diesen erst heiß werden, und spritzte dann das Gas direkt auf den glühenden Draht unter gleichzeitiger Öffnung des Indikatorhahns. Auch die Induktionsfunken konnte man schon vorher einschalten, da ja die neue Methode eine kontinuierliche Zündung ermöglichte.

Die 0 auf den Abszissen bezeichnet den Moment der Inbetriebsetzung, der Zündung und der gleichzeitigen Öffnung des Indikatorhahns. Bei der neuen Methode fiel dieser Moment mit dem der Gaseinspritzung zusammen.

Die Diagramme enthalten keine Expansion, sondern lediglich eine durch Verbrennung und Abkühlung an den ringsum festen Wandungen des Verbrennungsraumes hervorgerufene Kurve.

Bei Beurteilung der Drucksteigerung durch die Verbrennung ist zu beachten, daß die Indikatortrommel durch ein Uhrwerk mit gleichmäßiger Schnelligkeit umgedreht wurde (Fig. 4 und 5 auf S. 114), so daß, wie schon oben angedeutet, der wirkliche Vorgang der Entwicklung des Verbrennungsdruckes klarer zur Erscheinung kommt, als bei den von dem hin- und hergehenden Kolben der Maschinen bewegten Indikatoren. Bei diesen ergibt bekanntlich die Totpunktlage viel zu steile Verbrennungskurven.

Die nahe an der Abszisse übereinanderliegenden mehr oder weniger horizontalen Linien stellen je eine Trommelumdrehung dar.

Die Zahl auf dem Diagramm links oben gibt die Hubbegrenzung für das Emporschnellen des Gasventils nach einer empirischen Skala an.

Die einströmende Gasmenge ist auf dem Diagramm in ccm und daneben das Verhältnis zum Luftinhalt des Verbrennungsraumes angegeben.

Die Zahl rechts oben ist die Nummer der Diagramme.

Bei diesem und den nachfolgenden Diagrammen bis einschl. Nr. 13 trifft das aus dem Ventil ausströmende Gas auf ein kugelförmiges Sieb, um schnell zerteilt zu werden. An das Ventil herangebogen ist der Zündungsdraht von Platin.

Fig. 1 und 2. Das Mischungsverhältnis von Gas und Luft liegt zwischen 1:2,6 bis 3,6. Das obere Diagramm nach der alten Verbrennungsmethode zeigt, wie spät und langsam die Verbrennung vor sich geht, nachdem bei 0 die elektrische Zündung mittels des glühenden Platindrahtes und der Hahn zum Indikator gleichzeitig angestellt war. Die erste kleine Drucksteigerung ist lediglich diejenige, die im Verbrennungsraum durch das vorher unter Überdruck eingeströmte Gas an sich schon, ohne Zündung, hervorgerufen war. Erst nach fast einer Umdrehung der Trommel setzt die eigentliche Zündung langsam ein und erreicht 4,5 at. Das langsame Sinken der Abkühlungskurve zeigt starkes Nachbrennen der überreichen Gasmischung an.

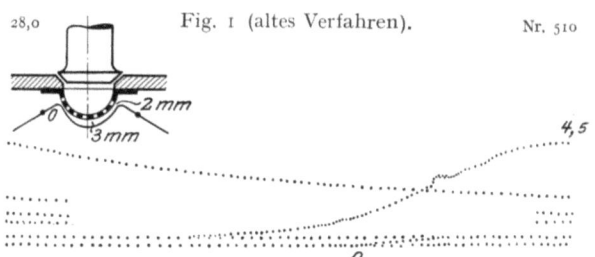

Späte Zündung, starkes Nachbrennen. Ohne Ventil.
Gasmenge = 460 ÷ 620 ccm. Gas : Luft = 1 : 3,6 ÷ 2,6.

Das untere Diagramm (Fig. 2) nach der neuen Verbrennungsmethode zeigt trotz der reichen Gasmischung ein

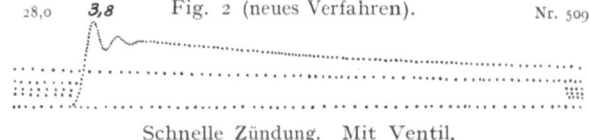

Schnelle Zündung. Mit Ventil.
Gasmenge = 460 ÷ 620 ccm. Gas : Luft = 1 : 3,6 ÷ 2,6.

sofortiges schnelles Aufsteigen der Verbrennungskurve, sogar mit heftigem Stoß auf die absichtlich nicht zu stark genommene empfindliche Indikatorfeder, an. Da das Gemisch an sich zu reich war, um mit einem Male ganz verpuffen zu können, so fand auch hier ein erhebliches Nachbrennen in einer langsam abfallenden Kurve statt.

Fig. 3 und 4. Einströmung wie oben, aber in dem günstigeren Mischungsverhältnis 1 : 6,6 bis 6,3. Bei dem alten Verfahren (Fig. 4) zeigt sich der hohe Verbrennungsdruck bis 7,3 at (bei schwingender Feder), doch tritt die Zündung wie bei Nr. 1 und aus denselben Gründen erst eine Zeitlang nach Einschaltung des elektrischen Stromes ein.

Bei dem neuen Verfahren (Fig. 3) beginnt sofort mit der Gaseinströmung die schnelle Zündung und Drucksteigerung. Sie erreicht indes nur die Höhe von 2,95 at. Das Nachbrennen ist infolgedessen stärker. Offenbar verhinderte das Sieb mit seinem Durchgangswiderstand ein genügend schnelles Nachströmen des Gases, während bei Diagramm 17, s. w. u., wo das Sieb fehlt, bei annähernd demselben Verhältnis von Gas zu Luft ein fast 4facher Stoßdruck nach dem neuen Verfahren erreicht wird.

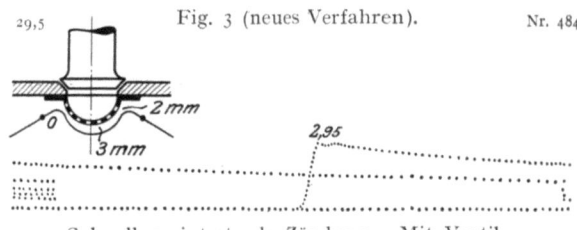

Schneller eintretende Zündung. Mit Ventil.
Gasmenge = 250 ÷ 260 ccm. Gas : Luft = 1 : 6,6 ÷ 6,3.

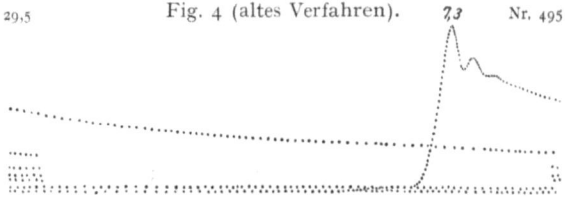

Verspätete Zündung, hoher Verbrennungsdruck.
Ohne Ventil. Gasmenge = 250 ÷ 260 ccm.
Gas : Luft = 1 : 6,6 ÷ 6,3.

Fig. 5 und 6. Beide Diagramme sind mit gleicher Zündungsart nach der neuen Methode genommen unter geringer Veränderung der eingespritzten Gasmenge durch Verstellung der Hubbegrenzung. Sie zeigen die gleichartige und gleichmäßig schnelle Entwicklung der Verbrennungskurve, die in zahlreichen Serien bei den verschiedensten Mischungen nachgewiesen werden konnte. Hieraus ergab sich, daß die mit dem neuen Verfahren beabsichtigte Regulierung des Verbrennungsdrucks durch alleinige Veränderung der einströmenden Gasmenge gute Aussichten darbot, zumal durch das neue Zündungs- und Einströmungsverfahren die Grenzen der Verbrennungsfähigkeit der Mischungen fast beliebig erweitert wurden (vgl. Diagramm 10 und 11).

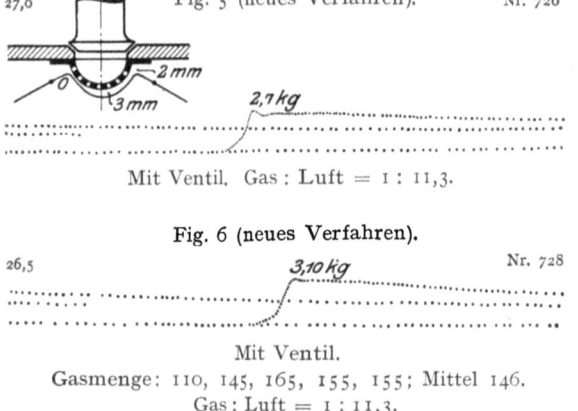

Fig. 5 (neues Verfahren).   Nr. 726
Mit Ventil. Gas : Luft = 1 : 11,3.

Fig. 6 (neues Verfahren).   Nr. 728
Mit Ventil.
Gasmenge: 110, 145, 165, 155, 155; Mittel 146.
Gas : Luft = 1 : 11,3.

Fig. 7 und 8. Das obere Diagramm (Fig. 7) zeigt, wie nach der bisherigen Zündungsart ein Gemisch von 1:11 so überaus langsam verbrannte, daß eine solche Verbrennung in der Maschine einer Fehlzündung gleichgekommen wäre, jedenfalls kein praktisch und ökonomisch verwertbares Ergebnis gehabt hätte. Deshalb konnte man anfangs die Gasmaschine nur innerhalb enger, besonders günstiger Mischungsverhältnisse und bei schwacher Belastung nur mit den mehrfach erwähnten Aussetzern regulieren.

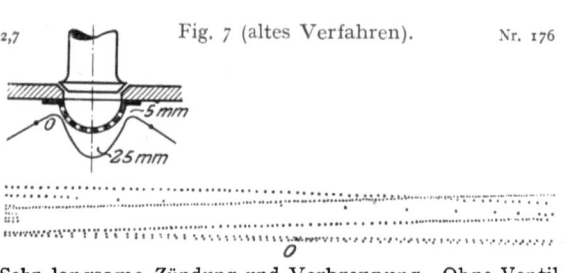

Fig. 7 (altes Verfahren).   Nr. 176
Sehr langsame Zündung und Verbrennung. Ohne Ventil.
Gasmenge = 295 ccm. Gas : Luft = 1 : 11,0.

Fig. 8 (neues Verfahren).   Nr. 177
Zündung sicher und schnell. Mit Ventil.
Gas : Luft = 1 : 11 (kaltes Ventil).

Das untere Diagramm ergab auch bei dieser armen Mischung von 1:11 eine ebenso sichere und schnelle Zündung, wie bei den günstigeren Mischungen 1:5 oder 1:6. Das verhältnismäßig lange Nachbrennen in der höchsten Drucklage läßt wieder darauf schließen, daß das Nachströmen des Gases durch das feine Sieb zu sehr verzögert wurde, deshalb wurde auch kein höherer Maximaldruck erreicht.

Fig. 9. Das Diagramm zeigt nach dem neuen Verfahren eine schnell einsetzende Verbrennung bei einem nach der alten Methode überhaupt nicht mehr entzündbaren Verhältnis von Gas zu Luft, wie 1 : 18. Bei der sehr geringen Hebung des Ventils trat das relativ langsame Nachströmen des Gases durch das Verteilungssieb noch mehr in

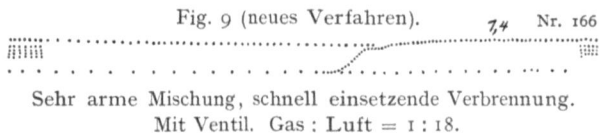

Fig. 9 (neues Verfahren).   Nr. 166
Sehr arme Mischung, schnell einsetzende Verbrennung.
Mit Ventil. Gas : Luft = 1 : 18.

die Erscheinung, wenngleich ja die Zerteilung des Gases an sich die schnelle und sichere Verbrennung stets förderte.

Fig. 10 und 11. Die beiden Diagramme nach dem neuen Verfahren beweisen die zuverlässig schnelle Entzündbarkeit selbst so kleiner Gasmengen wie 1:37 und 1 : 50, die nach der alten Methode bei vorheriger Mischung überhaupt nicht zu entzünden waren. Andere Versuche erzielten selbst mit einem Mischungsverhältnis von 1 : 100 noch einen nachweisbaren Verbrennungsdruck von etwa $^1/_{10}$ at. In den Bleistiftkurven war dies deutlich erkennbar, jedoch durch Punktieren für eine Reproduktion nicht sichtbar zu machen.

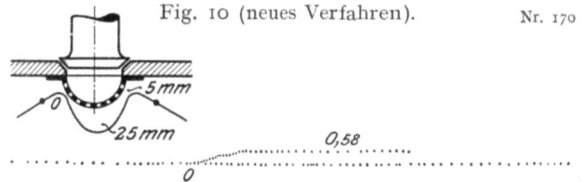

Trotz sehr armen Gemisches noch sichere Zündung.
Mit Ventil. Gas: Luft = 1 : 50.

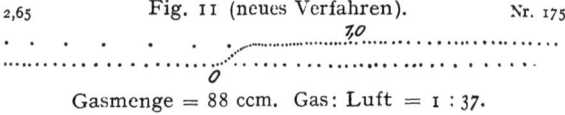

Gasmenge = 88 ccm. Gas: Luft = 1 : 37.

Die nach dieser Richtung gehegte Hoffnung, beliebige Gas- und Luftverhältnisse ohne Aussetzer zu schneller Verbrennung zu bringen, war in sehr zahlreichen Diagrammen für die Zündung in statu nascendi der Mischung in Erfüllung gegangen.

Fig. 12 und 13. Das obere Diagramm, dessen Mischungsverhältnis auf demselben nicht verzeichnet, aber nach der neuen Methode aufgenommen ist, zeigt eine Vorkompression der Luft im Verbrennungsraum auf 1,65 at und einen Überdruck des Gases von 4 at. Hierbei wurde eine schnelle Druckentwicklung auf 9,7 at erreicht. Bei Beurteilung des relativ schnellen Ansteigens der Kurve ist wiederum darauf hinzuweisen, daß sich die Indikatortrommel mit gleichförmiger Geschwindigkeit bewegte, also die Verbrennung nicht in einem Totpunkt stattfand.

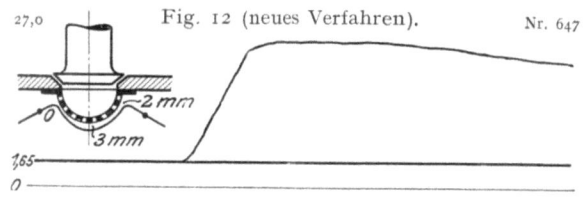

Vorkompressieren der Luft, schnelle Zündung. Mit Ventil.

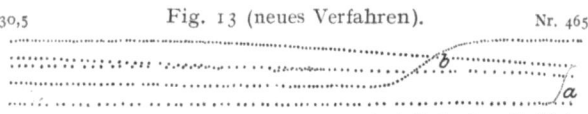

Doppelte Zündung bei a und b (wahrscheinlich ging die Hubscheibe zweimal herum). Mit Ventil.

Das untere Diagramm (Fig. 13) ist dadurch interessant, daß sich das Gasventil während des Verlaufes der Kurve zweimal hob und infolgedessen von a und b aus zweimal Zündungen und Drucksteigerungen auftraten. Diese Tatsache wurde später auch zu einer zweimaligen Gaseinspritzung während eines und desselben Arbeitshubes der umgeänderten Benzmaschine benutzt. Es sollte dadurch eine höherer mittlerer Druck hinter dem Kolben erreicht werden mit einem möglichst geringen Maximaldruck für die Konstruktionsteile. Es war indes hierbei trotz günstigerer Beanspruchung der Konstruktion keine bessere Ökonomie im Gasverbrauch nachzuweisen.

Fig. 14, 15 und 16. Statt des Siebes war eine kleine, feindurchlöcherte Rohrtülle an den Ventilsitz im Verbrennungsraum angeschraubt, um eine andere Verteilung des einströmenden Gases im Verbrennungsraum herbeizuführen. Die Zündung fand durch Induktionsfunken statt, die je nach der Entfernung und Lage dieser Tülle verschiedene Verbrennungsdrucke ergaben.

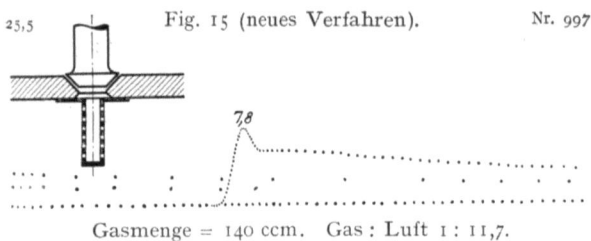

Gasmenge = 140 ccm. Gas : Luft 1 : 11,7.

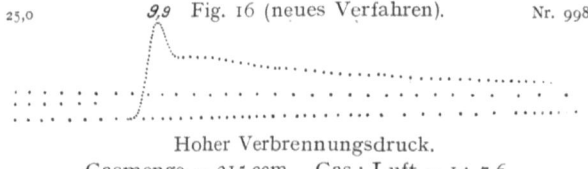

Hoher Verbrennungsdruck.
Gasmenge = 215 ccm. Gas : Luft = 1 : 7,6.

Letztere hingen offenbar davon ab, wieweit die Gasstrahlen in den Verbrennungsraum schon eingetreten waren, bevor sie an die Zündstelle kamen. Je größer diese Gasmenge war, um so höher der Druck.

Bei untenstehenden beiden Diagrammen (**Fig. 17 und 18**) war jede Gaszerteilung durch kugel- oder röhrenförmige Siebe fortgelassen. Es ergab sich durch den Fortfall dieser Hemmungen bei der heftigen Durchwirbelung der Mischung und gleichzeitigen Zündung eine Drucksteigerung von solcher Schnelligkeit und Höhe (Stöße bis 14 at), daß sie mehr als das Doppelte des Verbrennungsdruckes nach dem alten Verfahren (von nur 6 bis 6½ at) erreichte. Von H. Junkers wurden später ähnliche Resultate durch Wirbelung der Gasmischung in einem anderen Apparat ebenfalls nachgewiesen.

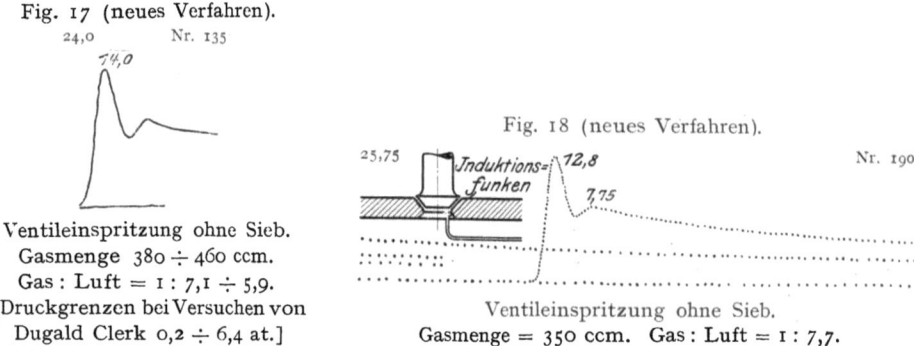

Ventileinspritzung ohne Sieb.
Gasmenge 380 ÷ 460 ccm.
Gas : Luft = 1 : 7,1 ÷ 5,9.
[Druckgrenzen bei Versuchen von Dugald Clerk 0,2 ÷ 6,4 at.]

Ventileinspritzung ohne Sieb.
Gasmenge = 350 ccm. Gas : Luft = 1 : 7,7.

Schlußfolgerung.

Die Diagramme Nr. 10 und 11 mit ihrer Verbrennung kleinster Gasmischungen Gas : Luft bis 1 : 50 zeigen in Verbindung mit den sehr reichen Mischungen 1 : 2,6 und 1 : 3,6

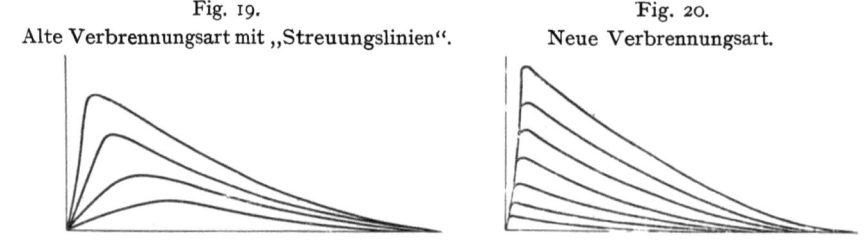

Fig. 19. Alte Verbrennungsart mit „Streuungslinien".
Fig. 20. Neue Verbrennungsart.

Schematische Darstellung der Verbrennungs- bzw. Abkühlungskurven.

in Diagramm 13, daß das neue Verfahren eine **sichere und schnelle Verbrennungsmöglichkeit für jedes beliebige Verhältnis von Gas und Luft** darbot, daß ferner Verbrennungsdrucke **bis 12 und 14 at** (stoßweise) **ohne Vorkompression der Luft** erreichbar waren, während nach dem bisherigen Verbrennungsverfahren eine genügend schnelle Verbrennung von Gasmischungen nur innerhalb der Grenzen 1:5 und mit 1:12 überhaupt möglich war und nur mit 4 bis 7 at Druckentwicklung. — **Die Resultate der Versuche einer Zündung in statu nascendi der Mischung hatten also in diesen Vor-Experimenten einen vollen Erfolg erzielt.**

Ein schematisches Regulierungsdiagramm nach der neuen Verbrennungsart ist in Fig. 20 neben ein sogenanntes schematisches älteres Diagramm (Fig. 19) mit „Streuungskurven" (ohne Vorkompression) gesetzt.

Ich konnte später, als ich verschiedene von den Einströmungs- und Zündungsvarianten in meiner Zweitakt-Versuchsmaschine von Benz angewendet und gelegentlich den hinteren Deckel des Arbeitszylinders abgenommen hatte (Fig. 21), die Verbrennungserscheinungen in meinem dunkel gemachten Laboratorium mit bloßem Auge sehr gut verfolgen. Bei ungünstiger Einführung und Verteilung des Gases gab es nämlich schlechte Verbrennungen mit hell leuchtenden Flammen, während bei guter Verteilung die besten blaugrünen Flammen der Bunsenbrenner erschienen, die hier aber ohne die für den Bunsenbrenner charakteristische Vormischung von Gas und Luft erreicht wurden. Es ersetzte offenbar die Wirbelung in statu nascendi die stufenweise Vermischung mit Luft beim Bunsenbrenner. Der Einblick, den man durch diese Verbrennungsversuche sehr bald in die Diagramme gewann und der mir später für die Beurteilung der verschiedensten Maschinendiagramme sehr wertvoll wurde, war ein überraschend interessanter, und ich bedaure nur, daß ich Ihnen von meinen 1300 Diagrammen nur einige wenige hier vorführen kann.

Fig. 21. 4 pferd. Benz-Gasmaschine 1887.

Jene Beobachtungen bestärkten mich übrigens auch in der Erfahrung, daß die Gase sich untereinander und mit Luft viel schwerer mischen, als man wegen ihrer großen Molekulargeschwindigkeit sonst erwarten müßte. Ich habe das später noch oft beobachtet, auch in der freien Atmosphäre, und wurde immer mehr ein Anhänger der in Gasmotoren vorausgesetzten Schichtungen, wie sie Otto als Erklärung für sein Viertaktverfahren angegeben hatte.

Anlage 2.

Für die internationale Priorität der ersten Großgasmaschine kommen außer der Oechelhaeuser-Maschine wohl nur noch zwei Systeme in Frage: Zunächst der einzylindrige Simplex-Motor von 200 bis 220 effekt. (300 ind.) PS von Delamare-Deboutteville, der in der Mühle von Pantin bei Paris in den 90er Jahren, also vor der Hörder Maschine in Betrieb kam.

Aimé Witz, der unzweifelhaft am genauesten darüber unterrichtete, nennt ihn in der 4. Auflage seines ausgezeichneten und objektiven Werkes „Traité des

Moteurs à Gaz" (1904) Bd. II, S. 617: „un moteur monocylindrique de 200 chevaux", und an anderer Stelle über einen Versuch: „or le travail indiqué était de 300 chevaux, ce qui correspondait à 220 chevaux effectifs". Es handelte sich also um einen 200 bis 220 PSe-Motor, über dessen Konstruktion und technischen Erfolg der genannte Autor sagt: „ces accidents (ruptures d'arbres) trop fréquents, menacèrent en effet de compromettre le succès des puissants moteurs monocylindriques: en dépit des retards à l'allumage, que nous avons signalés ci-dessus, les arbres les plus robustes et de la meilleure qualité ne résistaient pas longtemps aux efforts énormes auxquels ils étaient soumis. En réalité, nous croyons que ces accidents étaient causés par des allumages prématurés, occasionnés par des concrétions charbonneuses amenées à l'ignition dans la chambre de compression ou dans les boîtes à soupapes, qu'on avait le grand tort de ne pas refroidir suffisamment: les pistons eux-mêmes atteignaient des températures suffisantes pour produire des mises de feu intempestives.

Les premiers constructeurs de puissants moteurs ont fait sur ce point une ruineuse école, qui a conduit à des désastres ceux qui ont voulu courir trop vite: la fortune favorise souvent les audacieux, à condition qu'ils ne multiplient pas leurs coups d'audace. En procédant avec moins de hâte et plus de mesure, on aurait appris que, pour une dimension déterminée des cylindres, une réfrigération énergique des pistons et des culasses devient nécessaire et qu'il est opportun d'appauvrir les mélanges au fur et à mesure que la compression préalable devient plus forte. C'est ce que l'on fait aujourd'hui: aussi les arbres ne cassent-ils plus, alore même qu'un allumage au point mort donne un diagramme pointu, preuve d'une combustion presque instantanée.

MM. Matter et Cie. on installé en France un assez bon nombre de puissants moteurs Simplex, dont malheureusement il fallut en démonter plusieurs pour des causes diverses, quelquefois étrangères à la technique des moteurs à gaz et à l'art de la construction mécanique.

Auf S. 620 heißt es weiter: Moteur Delamare-Deboutteville et Cockerill.

La Société John Cockerill de Seraing (Belgique), travaillant en collaboration avec Delamare-Deboutteville, le créateur du Simplex, a établi, en 1897, un moteur à gaz de haut fourneau de grande puissance, monocylindrique, de 800 millimètres de diamètre et 1 mètre de course, qui développait aisément 200 chevaux effectifs par 105 tours à la minute. C'était une copie perfectionnée du moteur de Pantin."

Jener erste in Frankreich (Rouen) erbaute 200 PS-Motor kann hiernach als eine betriebsfähige Maschine nach diesem einwandfreien Zeugnis eines dem Erfinder sonst weiteste Gerechtigkeit widerfahren lassenden französischen Schriftstellers nicht in Betracht kommen. Erst nachdem dieses Maschinensystem in Verbindung mit der Firma John Cockerill in Seraing neu konstruiert und ihr Zylinderdurchmesser von 870 auf 800 mm reduziert war, erschien es im April 1898 wieder in einer Maschine von 200 effekt. PS und betrieb mittels Riemen eine Dynamomaschine.

Daß letzteres keine Maschineneinheit für einen Großbetrieb war, dürfte einleuchten. 4 Wochen später schon kam meine erste Zwillingsmaschine mit 600 effekt. PS auf dem Hörder Hüttenwerk, und zwar gleich mit Wechselstrom-Parallelschaltung in Betrieb. —

Außer jener 200pferdigen Maschine spielt noch häufig die sogenannte 1000pferdige Maschine der Société John Cockerill (Seraing) von der Pariser Weltausstellung von 1900 eine Rolle, und zwar bezeichnenderweise mit Festhaltung dieser rein nominellen 1000 PS Maschinengröße nur in der deutschen Literatur, nicht in der französischen. Noch in einer der neuesten Auflagen (1914) eines anerkannt vortrefflichen deutschen Werkes über Verbrennungsmaschinen heißt es: „Die 1900 in Paris ausgestellte und dem Simplexmotor in weiten Kreisen zu einem Ruf verhelfende „700 bis 1000 pferdige" Gichtgasmaschine usw. ist in engster Verbindung mit Delamare-Deboutteville mit der Gesellschaft Cockerill in Seraing entstanden. Bezug genommen ist hierbei auf eine Textfigur, welche die Unterschrift trägt: Erster 1000-PS-Simplexmotor (80 Umdrehungen). Erbaut von der Gesellschaft John Cockerill in Seraing.

Auf dem noch in meinem Besitz befindlichen Pariser Ausstellungsprospekt der Firma John Cockerill heißt es aber auf der ersten Seite:

„Cette machine peut developper
1000 chevaux au Gaz de Ville,
800 chevaux au Gaz Pauvre,
700 chevaux au Gaz de Hauts-Fourneaux.

Da die Maschine nach allen bisherigen Nachrichten niemals mit Leuchtgas (Gaz de Ville) betrieben worden ist und nach dem Urteil aller Sachverständigen auch niemals mit Leuchtgas hätte arbeiten können, so sind die gänzlich hypothetischen („peut" developper) 1000 PS weder als indizierte noch als effektive jemals geleistet worden. Auch die 700 PS für Hochofengase berechneten erwiesen sich tatsächlich nur als 600 effektive, denn auf der zweiten Seite des Prospektes heißt es:

„Le premier moteur de 600 chevaux à cylindre unique de beaucoup le plus puissant qui ait été construit jusqu'à ce jour, fut mis en route le 20 novembre 1899 . . . . . .

C'est de ce même type qu'est le moteur installé à l'Exposition Universelle de Paris 1900 par la Société Cockerill."

Die Bremsleistung der Pariser Maschine wurde Anfang 1900 mit 575 effekt. PS festgestellt[1]).

So reduziert sich also die noch in der neuesten deutschen Fach-Literatur legendäre 1000 pferdige Simplexmaschine auf eine effektiv 575 pferdige Maschine in einem Zylinder: eine sicherlich sehr respektable Leistung, allein immerhin erst 1¼ Jahre nach der effekt. 600 pferdigen Oechelhaeuser-Zwillingsmaschine in Hörde, die niemals auf einem Probierstand gelaufen war, sondern von vornherein die schwierigen Bedingungen eines Wechselstrom-Parallelbetriebes in einem fremden Großbetriebe erfüllen mußte und bereits alle Merkmale einer Großgasmaschine aufwies. Daß man 1¼ Jahre später eine noch größere Leistung in einem Zylinder in Seraing erzielte, ändert nichts an der deutschen Priorität der Großgasmaschine überhaupt. Die bedeutenden Verdienste des französischen Konstrukteurs Delamare-Deboutteville und der mit ihm verbundenen Société John Cockerill in Seraing, insbesondere ihre gleich in großem Stil betriebene Fabrikation und Agitation sind von mir im übrigen jeder Zeit mit Freude anerkannt worden; sie verdienen in jeder historischen Übersicht stets besonders hervorgehoben zu werden. Sollen wir Deutsche aber die gerechte Anerkennung des Auslandes immer noch bis zur Ungerechtigkeit gegen uns selbst übertreiben?

---

[1]) Güldner, Verbrennungskraftmaschine 1914, S. 661.

MIX
Papier aus verantwortungsvollen Quellen
Paper from responsible sources
FSC® C105338

If you have any concerns about our products,
you can contact us on
ProductSafety@springernature.com

In case Publisher is established outside the EU,
the EU authorized representative is:
Springer Nature Customer Service Center GmbH
Europaplatz 3, 69115 Heidelberg, Germany

Printed by Libri Plureos GmbH
in Hamburg, Germany